新兴科技伦理与治理丛书

编委会

顾 问

邱仁宗　中国社会科学院
翟晓梅　北京协和医学院

主 编

雷瑞鹏　华中科技大学

副主编

焦洪涛　华中科技大学
刘　欢　中国科学院武汉病毒研究所

编 委 （以姓氏拼音为序）

包堉含	清华大学	马诗雯	苏州大学
白　超	昆明医科大学	马永慧	厦门大学
成家桢	复旦大学	欧亚昆	华中科技大学
杜　立	澳门大学	冉　奎	电子科技大学
冯君妍	上海大学	唐兴华	中国地质大学/北京
胡翌霖	清华大学	伍春艳	华中科技大学
冀　朋	汕头大学	张　迪	北京协和医学院
廖铂华	华中科技大学	张维莎	电子科技大学
罗会宇	新乡医学院	张　毅	华中科技大学
马　兰	江汉大学	张悦悦	肯特大学
马丽丽	中国科学院武汉文献情报中心	左锟澜	中国科学技术大学

新兴科技伦理与治理丛书 | 丛书主编◎雷瑞鹏

国家重点研发计划项目"合成生物学伦理、政策法规框架研究"
（2018YFA0902400）成果

合成生物学 科学与伦理

Synthetic Biology Science and Ethics

胡翌霖　唐兴华　著

华中科技大学出版社
http://press.hust.edu.cn
中国·武汉

图书在版编目(CIP)数据

合成生物学：科学与伦理 / 胡翌霖，唐兴华著. -- 武汉 ：华中科技大学出版社，2024.6.
(新兴科技伦理与治理丛书 / 雷瑞鹏主编). -- ISBN 978-7-5772-1232-6

Ⅰ. Q503

中国国家版本馆 CIP 数据核字第 20245NP773 号

合成生物学：科学与伦理

Hecheng Shengwuxue：Kexue yu Lunli

胡翌霖　　唐兴华　著

策划编辑：周晓方　杨　玲　庹北麟

责任编辑：余晓亮

封面设计：原色设计

责任监印：曾　婷

出版发行：华中科技大学出版社(中国·武汉)　　　电话：(027)81321913

　　　　　武汉市东湖新技术开发区华工科技园　　邮编：430223

录　　排：武汉正风天下文化发展有限公司

印　　刷：武汉市洪林印务有限公司

开　　本：710mm×1000mm　1/16

印　　张：8　插页：2

字　　数：149 千字

版　　次：2024 年 6 月第 1 版第 1 次印刷

定　　价：48.00 元

内容提要

生命是一个古老神秘的话题，自古以来，人类一直试图探索生命的奥秘，通过各种方式分析理解生命。随着基因编辑、合成生物学的发展，人类不仅能够理解生命奥秘，更能够借助工具修改和创造生命。这意味着生命像电脑程序一样能够依据特定的目的被修改和保存。这必然会引发相应的争议和伦理问题，究竟谁有权力去创造生命呢？创造出来的生命是人工合成物还是自然存在物呢？它们在社会中的道德地位如何呢？诸如此类，不胜枚举。

关于这些问题，我们进行了全面的阐述和讨论。合成生物学的发展，改变了生命研究的范式，实现了从"读"基因到"写"基因的转变。这种新变化带来的必然是一系列的争议和伦理问题。但这些伦理问题并非随着合成生物学而出现的，在此之前，转基因以及基因编辑等技术所引起的伦理争议和对策同样值得我们借鉴。

作为一本全面介绍合成生物学伦理问题的科普书，本书力图在阐述合成生物学的过程中追溯历史，从科技史的视角对合成生物学进行讨论，全面阐释其可能引发的问题。

2019 年 5 月 9 日，我作为第一作者与翟晓梅、朱伟和邱仁宗三位教授在 *Nature* 发表评论文章 *Reboot Ethics Governance in China*（《重建中国的伦理治理》），另一国际知名科学期刊 *Science* 在同一天发表了对我们这篇文章的评论报道。本文以"基因编辑婴儿"事件为切入点，澄清了国外大量评论文章对我国没有任何监管措施的不实指责，分析了中国科技创新、研究和应用领域存在的典型伦理治理问题，论述了重建当前中国科技治理和监管体系的迫切性和必要性，提出加强监管与伦理先行、建立全国性的临床研究登记注册平台、明确监督机构、提供信息、政府支持生命伦理学教育和培训以及严防歧视等六项政策建议。这篇文章也积极回应了同年 3 月 14 日七个国家的科学家和伦理学家在 *Nature* 发表的呼吁暂停生殖系基因编辑并完善国际治理框架的评论文章，在最受瞩目的国际主流科学期刊发出中国声音。

新兴科技伦理治理是全球共同面对的挑战，新兴技术内在的独特性使得相应的监管和规制问题比传统技术复杂棘手得多。切入具体新兴科技引发的伦理和治理问题探究之前，对"新兴技术"的概念辨析和特点归纳是立论前提。如何界定和划分新兴技术，可随我们对新兴技术的进一步认识和技术本身进一步发展而有所改变，莫衷一是。但我们首先要澄清的是："新兴"和"新兴技术"这两个术语或概念的意义。

新兴技术的"新兴"有什么意涵？"新兴技术"的英文翻译是 emerging technologies，科学哲学中讨论过 emerge 或 emergence 概念，曾译为"突现"或"涌现"。著名科学哲学家波普尔 1977 年 11 月 8 日在剑桥大学达尔文学院题为 "Natural Selection and the Emergence of Mind" 的讲座中阐述了他的突现（emergence）理论。波普尔认为科学提供给我们一幅宇宙图景，表明宇宙是有原发性和创造性的，宇宙会在新的层次突现新的事物。例如，巨大恒星中心的重原子核、有机分子、生命、意识、人类精神产品（如艺术、科学）都是不同层次的突现。突现不是一般的出现，它有如下的特点：①突现出来的是新事物，与现有的事物有质的不同。波普尔在 1977 年出版的 *Self and Its Brain：An Argument for Interactionism* 一书中，有力批驳了《旧约》中所说的"太阳底下没有新事"；②新事物的出现是突发的，仿佛从前所未知的隐藏的地方显露出来；③新事物的出现往往是不可预测的，可能是引发其产生的因素太复杂，存在着许多不确定性，或者这些因素相互之间的依赖关系过于复杂难以把握；④新事物的出现往往对宇宙的演化或自然和社会的发展有非常重要的影响。就生命起源而言，生命在宇宙中的突现（emergence）是依赖于当时的许多复杂的、我们至少目前不可模拟和未知的偶然条件及其相互作用。

具备哪些特点可被称为"新兴技术"？Rotolo 等人 2015 年在线发表的 *What Is an Emerging Technology？* 一文指出：①新兴技术在概念、技术、方法方面具有相当的新颖性，而不是一般的新颖，它们具有革新性和创新性；②它们发展的速度比常规技术快得多；③新兴技术相互之间具有连贯性和凝聚力，它们之间相互促进、相互影响；④拥有十分突出的影响，有时可能起颠覆性作用，可能会使社会大大受益（解决长期以来存在的社会问题和全球性问题），同时可能引起的风险或伤害也非常大，以至于可能威胁人类的生存；⑤具有不确定性和歧义性，不确定性是它们自身的发展及其对人和社会的影响难以预测，而歧义性是指人们对新兴技术做出决策时难以对其前景、方法或成果取得一致的理解或评价。

我们在已公开发表的两篇文章中指出，从伦理学以及监管和治理角度看，新兴技术有以下四个主要特点值得深刻反思：

新兴技术的主要特点之一：它们有可能给人和社会带来巨大受益，同时又有可能带来巨大风险，以至可能威胁到人类未来世代的健康以及人类的生存。例如人工智能可使人类从一般的智能活动摆脱出来，集中精力于创新发现发明，然而同人类一样聪明甚至超越人类的人工智能系统，一旦失去控制，可能对人类在地球的存在带来威胁。最早提出技术奇点（technological singularity）或奇点（singularity）这一概念的是匈牙利裔美国物理学家冯·诺依曼。在牛津大学任教的瑞典哲学家波斯特罗姆则提出"存在风险"（existential risk）概念，意指人类不慎使用核技术、纳米技术、基因工程技术以及人工智能技术等而导致永远毁灭起源于地球的智能生命，即人类永遭毁灭。英国科学家霍金不止一次警告说，人工智能有可能毁灭人类。合成生物学的研究和广泛应用可以帮助人类用多快好省的方法解决困扰已久的粮食、营养、燃料、药物和疫苗的生产问题，然而如果合成出传染力强、传播迅速且对疫苗有耐药性的新病毒,则可能使数千万人丧失生命。

新兴技术的主要特点之二:它们的不确定性。当风险的严重程度及其发生的概率可以预测时,我们采取风险评估和风险防控方法加以应对。与风险不同的是,不确定性是我们对采取何种干预措施或不采取干预措施的未来事态的决定因素缺乏必要的知识,因而难以预测其可能的风险的一种状态。我们对所采取的干预措施可能引起的后果难以预测,影响后果的因素可能太多、太复杂、相互依赖性太强而不能把握。例如用于管理电网、核电站等重要设施的人工智能软件可能发生难以预测的差错。贺建奎所做的生殖系基因组编辑是典型的不确定性例子。将卵子、精子、受精卵或胚胎中的基因组进行编辑后,目前无法判断基因组编辑是否损害了正常基因,脱靶和嵌合体会引发何种健康风险,被敲除掉的可能导致 HIV 病毒感染的 CCR5 基因是否具有抵御其他感染的免疫功能,更不能把握基因组经过修饰的胚胎发育成人后能否预防艾滋病感染,对其他疾病尤其是传染病是否有易感性,其身体状况比没有经过编辑的孩子是好还是差,其未来的孩子的身体状况以及未来后代的身体状况怎样,等等,对这些问题我们当下都无法回答,因为缺乏必要的知识和信息。在这种情况下我们无法对生殖系基因组编辑进行必要的风险—受益评估,也不能对提供胚胎的 HIV 患者夫妇提供必要和充分的信息,使他们有能力作出有效的、自主的知情同意。

这个例子还说明,与风险相对照,不确定性包括"不知道的未知事情"(unknown unknowns)的情况,即我们不知道还有哪些我们应该知道而目前不知道的情况。风险与不确定性的区别具有规范性意义。规范性的决策理论要求我们面临风险或不确定性时区分不同的合乎理性的决策策略,例如面临不确定性时对于确定什么样的目标必须小心谨慎。新兴技术之不确定性,可能由于多种原因。由于新兴技术的新颖性,科学家也不能预测他们研制的产品如何影响生物多样性和自然环境,例如我们没有类似的经验可用来预测合成有机体和基因驱动蚊子的环境影响,即我们不可能预测所有潜在的环境危害的性质、概率和严重程度;科学家和监管机构均处于"无知"状况之中,不能确定影响人的健康和损害环境的概率及其性质,因而无法采取有效措施加以应对。

新兴技术的主要特点之三:它们往往具有双重用途的特性。即一方面可被善意使用,为人类造福;另一方面也可被恶意使用,给人类带来祸害。例如合成流感病毒可用来研制疫苗,也可用来制造生物武器。这是大多数常规技术不可能具备的特点。例如制造电视机,很难说技术本身有双重用途。而且一门新兴技术越发达,其被恶意利用的可能性就越大。在人工智能软件开发中,技术越先进,其被利用作为恶意软件、敲诈软件的可能性也越大;恶意使用者施行攻击的成本降低,攻击的成效提高,影响的规模增大。双重用途的特性增加了不确定性,例如我们难以完全掌握恐怖主义利用新兴技术进行袭击的概率,因为不可能获得所有必要的情报信息。

新兴技术的主要特点之四:它们会产生出一些从未出现的新的伦理问题。例如,人工智能软件可以帮助人类做出涉及未来的决策,而人工智能的决策是根据大数据利用算法做出的,算法在大数据中分析出人们的行为模式,根据这种模式预测某一群人未来会采取何种行动,包括消费者会购买何种商品,搜索何种人适合担任企业的高管,某种疾病在某一地区或全国发生的概率,或某一地区犯过罪的人有没有可能再犯等,最终根据这种预测制定相应的干预策略。然而,模式是根据已有数据识别出来的,而数据是人们过去的行为留下的信息,根据过去的行为数据挖掘识别出的行为模式来预测人们未来的行为,很有可能发生偏差或偏见。例如美国多次报告算法中的偏差,都是种族主义和性别歧视偏见导致的。安保机构根据算法往往推测黑人容易重新犯罪,尽管并没有可靠的统计数据。人有自由意志,一个人过去犯罪,可以选择今后不再犯罪。由于大数据往往将"编程""技术"等词与男性相关联,"管家""家务"等词则与女性相关联,因此人工智能的搜索软件往往推荐男性担任企业高级执行官。

新兴技术的伦理问题,亦即在有关新兴技术的创新、研发和应用方面我们应该做什么和应该如何做的规范性问题,包括概念性伦理问题、实质伦理问题和程序伦理问题。我们如何在许多因素不确定的情况下对新兴技术的创新、研发和应用方面的风险—受益比做出合适的动态权衡,以及尊重作为新兴科技利益攸关者的人,维护他们作为人的权利和尊严以及社会公正,这是新兴技术的两类基本伦理问题。

本丛书基于我们研究团队近五年来主持的国家重点研发计划项目"合成生物学伦理、政策法规框架研究"和国家社科基金重大项目"大数据时代生物样本库的哲学研究"以及在前沿新兴科技(合成生物学、生物样本数据库、干细胞、基因编辑、人工智能和机器人等)伦理和治理问题领域长期的交叉学科研究基础和优势,既注重理论与实践紧密联系,又强调分论和总论点面结合,既有伦理原则建构的宏观视野,又有新兴科技前沿的精准把握。

本丛书采纳国际大科学计划 HGP(Human Genome Project)的"伦理、法律和社会意涵"(Ethical,Legal and Social Implications,ELSI)跨学科研究框架,在

全球视域和中国情境下对各种新兴科技的伦理和治理问题展开全面系统研究,关注相关基本概念的哲学反思和伦理分析,侧重科技伦理学的基本进路、方法论基础和道德形而上学建构等理论探索。运用规范伦理学基本理论和方法,一方面应用基本规范伦理原则,另一方面建构前沿新兴科技的新的伦理原则和框架,鉴别、分析和解决前沿新兴科技引发的具体伦理和治理问题,并提出相应的政策建议。

2019 年 7 月,中央深改委会议审议通过《国家科技伦理委员会组建方案》,推动构建覆盖全面、导向明确、规范有序、协调一致的科技伦理治理体系。党的十九届四中全会"决定"提出:"健全科技伦理治理体制。"国家"十四五"规划纲要提出:"大力弘扬新时代科学家精神,强化科研诚信建设,健全科技伦理体系。"2022 年 3 月,中共中央办公厅、国务院办公厅印发《关于加强科技伦理治理的意见》,对我国科技伦理治理工作作出顶层设计。本丛书的研究内容契合这一国家重大战略需求,期冀为科技创新的伦理治理体系建设和治理能力现代化提供智力支持、做出力所能及的贡献。

雷瑞鹏

2024 年初夏于玺悦轩

合成生物学是生命科学的前沿领域，被誉为 21 世纪能够改变世界的十大新技术领域之一。这一领域蕴含着巨大的潜力，能够在农业、工业、医药、环境、能源再生以及人类生活等各个方面产生重大影响。因而，合成生物学自兴起之后，就受到学界和各国的重视。合成生物学改变了生命的传统研究范式，由"格物致知"到"建物致知"，致力于从头开始创造生命。维基百科提供了一个较为简明的定义：合成生物学利用工程学原理对现有生物系统进行设计，或者建构设计新的生物零件、装置和系统，以实现为人类造福的目的。合成生物学力图通过基因工程合成人造生命体。随着基因技术的不断发展，这一理想已不再是未来的幻想，而正在逐步成为现实。

合成生物学的发展，也带来了复杂的伦理和哲学问题。这些问题不仅是特定群体的讨论重心和职责，而且是我们每个人都有责任和义务关注的问题，这关乎我们自身和子孙后代，甚至人类整个物种的繁衍。我们需要对合成生物学产生的伦理问题进行探讨，有义务对其进行规范，共同推动合成生物学的发展。因而，本书对合成生物学这一新技术应用后的社会效果以及可能产生的伦理问题进行讨论，尤其是伴随着合成生物学的发展，如何看待科学与伦理的关系、基因编辑的争议、生命的含义和自然的边界、宽容和警惕的界限，以及在促进科技加速发展的同时守护人类的价值等问题。通过引发诸位讨论与思考，有助于更加全面和理性地看待合成生物学引发的科学风险和伦理问题。

面对合成生物学飞速发展与其带来的科学与伦理相关问题之间的矛盾，中国科技部于 2018 年首次将合成生物学伦理与政策框架研究纳入国家重点研发计划。本书为国家重点研发计划"合成生物学伦理、政策法规框架研究"子课题"合成生物学科技政策、科学传播、公众参与的系统平台构建"（2018YFA0902404）的阶段性成果。本书是对长期教学内容的精炼，成稿是根据清华大学开设的"合成生物学：科学与伦理"课程整理而成。课程开设后得到诸多学生和对合成生物学感兴趣的同行学者的建议和反馈，特将大家感兴趣的伦理问题及合成生物学历史脉络展现出来。

作为入门导论性质的科普教材，本书并不急于给出确定的答案，而是通过对与合成生物学相关主题的探索为读者提供讨论的契机，帮助读者进入讨论相关议题的语境中，以期引发公众对合成生物学深刻的理解。

本书主要分为以下部分：

第一，对合成生物学发展所涉及的问题进行全面介绍。这部分对合成生物学的含义和发展现状进行阐释，呈现其广泛的应用场景和产生的效益，从而有助于我们对合成生物学形成总体上的认识。随后，对合成生物学引发的伦理争议和应对之策进行分析，强调科技传播和公众参与的重要性，对其研究方法以及应用场景进行分析。

第二，对合成生物学的历史进行追溯。合成生物学作为新兴的生物学研究领域，并非凭空出现，是有其历史基础的。了解技术发展的历史，对历史的回溯能够帮助我们更好地进入相关议题。同时，合成生物学的发展，让许多历史问题变得更加尖锐。对合成生物学的研究，有助于我们更好地回应历史的问题。因此，本书从科学史视角介绍合成生物学的来龙去脉，从优生学的历史讲起，涉及转基因技术和基因编辑技术的相关发展和争议的历程。通过对以上问题的关注和研究，促使我们更加了解合成生物学带来的伦理挑战和寻找应对之策，确保能够负责任地推动合成生物学发展。

第三，对与合成生物学直接相关的哲学和伦理争议进行讨论。其中包括医学伦理、生命伦理、"敬畏自然"和"扮演上帝"、自然观的挑战、生命观的重塑、生物恐怖主义、人工和自然的界限以及生物中心主义等。通过对这些专题的讨论，为对合成生物学感兴趣的同行和读者进一步推进合成生物学研究提供可能性。

通过对以上主题的讨论，本书有助于各位读者了解合成生物学的研究进展及其涉及的机遇与风险，理解合成生物学可能带来的伦理挑战，以及在大众传播和公共政策等领域面临的复杂状况。本书以开阔视野、充实背景知识和激发思考为目的，并不给出如何"站队"的简单化结论，而是直面当下社会紧迫的科学与伦理关系问题，既能给初学者传授基础知识，又能帮助有一定基础的学习者开阔视野。

目 录
CONTENTS

第一章
引论

在对合成生物学(synthetic biology)进行专题分析之前,我们有必要对合成生物学的含义、基本特征、应用前景及其带来的伦理争议进行讨论,旨在对合成生物学进行勾勒,为读者理解合成生物学这一前沿科技领域的发展现状和未来趋势提供系统全面的认识。

第一节　生命科学让人类成为"造物主"

在深圳国家基因库,进门就可以看见一座 1∶1 还原的猛犸象雕塑,在雕塑上标着"永存　永生"四个大字。"永生"显然是古往今来各种神话和宗教的终极理想,在某种意义上它已成为一些生命科学家的追求。

确实有一些生命科学家,特别是致力于基因科技前沿的学者,在有意无意地借用宗教概念来喻说自己的雄心壮志。国内学者王立铭的科普书把基因编辑比喻为"上帝的手术刀"①,而美国生物学家乔治·丘奇撰写的"合成生物学"科普书则冠以"再创世纪"②的标题。

这些夸张的口号反映出生命科学与社会文化之间的相互关联。早在达尔文时代,进化论生物学就和传统宗教神学发生冲突,成为科学与宗教关系的焦点。直到 20 世纪,神学家们普遍接受了现代科学中物理学、宇宙论等进展,但生物学仍然是争议的焦点。另外,自分子生物学发展以来,生命科学家们也经常主动向

① 王立铭.上帝的手术刀——基因编辑简史[M].杭州:浙江人民出版社,2017.
② 乔治·丘奇,艾德·里吉西.再创世纪——合成生物学将如何重新创造自然和我们人类[M].周东,译.北京:电子工业出版社,2017.

宗教发起挑战,被誉为"新无神论四骑士"之首的科普作家理查德·道金斯就是一例。除了最著名的《自私的基因》之外,他还有许多科普著作,如《盲眼钟表匠》《解析彩虹》《上帝的错觉》《魔鬼的牧师》《伊甸园之河》等①,从书名中就能看出他有和神学较劲的意味。

生命科学与神学的冲突并非偶然,因为生命科学挑战的是西方传统上被归功于上帝的一项最重要也是最神秘的功绩——"造物",特别是创造包括人在内的生命。

进化论让人类终于可以用自然主义的方式理解"造物"的过程,即生命的演化历程。而随着分子生物学的发展,科学家不但能理解"造物",而且逐渐能够参与"造物"了。

"合成生物学"标志着科学与宗教对"造物"权柄的争夺终于达到了顶峰。我们不仅能够认识理解生命,而且能够改造生物的遗传密码,塑造生物的特征,实现了从"读懂生命密码"到"编写生命密码"的转变。生命像电脑中的文件一样,能够被修改。除了通过修改基因改变生物的样态,人类还试图从最基础的材料出发,"无中生有"地合成出完整的生命。也就是说,人类可以改变现有的遗传物质,影响生物的特征;也可以创造出地球上没有的遗传物质,从而创造出新的生命体。

猛犸象是合成生物学的一个"图腾"。一些生物学家和相关的企业、组织,都在尝试"复活"那些已灭绝的动物,而让猛犸象复活乃是这一计划的实现标志。乔治·丘奇及其合作企业 Colossal 就计划在几年内完成这一壮举。

但事实上,将要被"复活"的猛犸象和已经灭绝的猛犸象并不是同一种动物,因为猛犸象的 DNA 并没有完整地保留下来,只能还原出残缺的片段,科学家试图在 DNA 残片的基础上,借助亚洲象的 DNA 和演化生物学的推演,设计出最接近化石中猛犸象特征的物种,然后用合成生物学创造出胚胎,植入代孕的亚洲象体内孕育,最后释放到野外生态之中,形成完整的生物种群。

这一计划的推动者给出了之所以要"复活"猛犸象和各种灭绝动物的若干理由,如对抗气候变化、恢复物种多样性、验证和促进相关科技的发展等。但这一计划也引发了许多争议。例如,人类有没有权利复活某个灭绝物种?或者说,人类是否有责任复活因人类而灭绝的物种?如果人类有责任复活灭绝物种,那么

---

① "钟表匠"是自然神学中对上帝的类比,"彩虹"是古代神迹的代表。

究竟哪些人有资格执行这一计划，哪些物种有资格被列入复活名单？另外，被复活的其实是类似于猛犸象的由人工拼接和设计的全新物种，如果这种方式复活灭绝物种是合理的，那么人类有权利创造出一个自然界中不曾存在过的物种吗？比如独角兽、插翅虎、狮鹫，乃至牛头人、半人马、美人鱼？

如果生物学家能够成功复活猛犸象，那就意味着他们也可以复活尼安德特人。这一举动在技术上甚至更加容易，因为尼安德特人的基因保存得更加完整。事实上丘奇正有此意，他说道："如果我们的社会对于克隆技术足够宽容，并且能够真正看清人类多样性的价值所在，那么尼安德特人这一物种就会经由一个代孕母猩猩——或是一位极富冒险精神的女性人类——被克隆出来。"[①]

那么问题是，我们的社会究竟应该如何"宽容"呢？有极端的观点认为，社会和伦理不应该对科技发展设定任何限制，应该放任科技加速进步。但问题是，如果每一个人都有权定制一个新物种并向自然环境中释放，先不说半人马之类挑战伦理观念的物种，光是释放各种稀奇古怪的病毒和细菌，人类恐怕就要面临重创了。

丘奇希望得到宽容，以便他和他的企业能够无所顾忌地复活猛犸象和尼安德特人，但如果社会真的过度宽容，恐怕也轮不到他们抢占先机了。或许各路"网红"、明星设计出的奇葩动物会得到更多社会支持，又或许战争狂人和恐怖分子会更早让他们创造的物种占领西伯利亚冻土。

很显然，社会对科技活动的"宽容"终究不是无限的，关键是"宽容"的边界究竟在哪里？哪些行为是无论什么人都不能做的？哪些行为是必须严格限制在特定人群的？哪些行为是所有爱好科学的普通人都可以去做的？

如果我们搞不清"宽容"的边界，过度禁止或过度纵容，最后对科学的发展和人类社会的繁荣稳定都将造成伤害。

本书要探讨的是，随着以合成生物学为代表的生命科学前沿的发展，我们应当如何看待科学与伦理的关系？宽容和警惕的边界究竟在哪里？如何在促进科技加速发展的同时守护人类的价值？

---

① 乔治·丘奇，艾德·里吉西.再创世纪——合成生物学将如何重新创造自然和我们人类[M].周东，译.北京：电子工业出版社，2017.

第二节　什么是合成生物学

合成生物学是生命科学的前沿领域，将引发复杂的社会关切和伦理争议。那么，究竟什么是"合成生物学"呢？

作为一个前沿领域和一门前沿学科，合成生物学尚未形成统一的定义。当然，从字面来看，合成生物学是一门以"合成生物"为目标的学科。合成生物学网站给出了简明的定义：合成生物学要么对现有的、天然的生物系统进行重新设计，要么设计与建构新的生物零件、装置和系统，以实现为人类造福的目的。① 中国科协学会学术部编的《合成生物学的伦理问题与生物安全》则指出："合成生物学是指设计和构造不存在于自然界的生物元件和系统，以及重新设计被赋予新的生物学功能的现有生物元件和系统。合成生物学的核心技术路线在于设计和发展标准生物部件、设计方法和工具，从而允许在复杂生命系统的创造过程中使用工程学方法，以满足农业、工业、医学和能源等发展的需求。"②

从最宽泛的意义上说，早在 1828 年人工合成尿素开始，"合成生物学"就出现了。尿素曾经被认为是一种生命物质，无法由人工创造，而人工合成尿素则标志着生命与非生命之间的古老界限开始松动。

从最狭窄的意义上来说，"合成生物学"的理想是从零开始创造全新的生命形式，不是像传统基因工程那样对已有的生命进行编辑改造，而是从无机物出发构建出生命体。这一工程目前还没有人能够做到。现今的合成生物学实践大多还是需要从现有的生命中获取"零件"再来重新组合。

从操作上说，合成生物学一般有"自上而下"和"自下而上"两种模式，前者指为现有的活体细胞赋予新功能，后者则是用非活性的分子"零件"组建成新生命。后者更接近于合成生物学的理想形态，但前者更加方便有效，门槛较低。

不过，改造现有活体细胞的操作方式，与更早的转基因和基因编辑技术更加接近。那么转基因、基因编辑、合成生物学这三者之间究竟是什么关系呢？它们是并列的三种不同方法，还是递进的三代技术迭代，抑或是有差异但也有重叠的

---

① 参见 http://syntheticbiology/.org.
② 中国科协学会学术部.合成生物学的伦理问题与生物安全[M].北京：中国科学技术出版社，2011.

三个领域？本书后续还会讨论这些问题。

总之，在最宽泛的定义下，整部现代生命科学史都是合成生物学的发展史；而在最狭窄的定义下，当前还没有出现真正的合成生物学。类似这种概念其实我们也挺熟悉，在信息科技领域，人工智能（AI）就是这样一个领域——宽泛来说，自计算机诞生以来都算是"人工智能"的范畴了，但真正理想中的人工智能需要达到媲美或超越人类智能的通用性，这种意义上的人工智能今天尚未实现。

宽泛定义承载过去，狭窄定义指向未来。当下的实践其实并不需要一个非常清晰的边界，定义的"模糊性"决定了"合成生物学"的开放性，并体现出其作为交叉学科的特征。

"合成生物学"本身是一门"合成"的学科，是多门学科的综合，具有"会聚"的属性。合成生物学作为新型的交叉学科，涉及的内容跨越了生物学、工程科学、遗传学、计算机科学、化学以及物理学等多学科领域。

合成生物学是理论与实践的结合，包括理论、实验、工程、技术、产业、社会等多个层面的统合。这种统合是内在的，而不是外在的。传统的理论科学当然也会对工程技术产生影响，但理论科学家完全有可能心无旁骛地钻研理论，等取得重大突破之后再留给工程师和企业家去实现和开发。合成生物学的研究从一开始就必须兼顾理论与工程，甚至兼顾人文和伦理，不然就无法扎实地推进。

合成生物学试图回应"生命的本质""细胞的结构""遗传的规律"等"硬核"问题，在这个意义上，合成生物学当然是一门理论科学，但合成生物学更多表现为一门工程学科。

合成生物学与其说是基因工程的最前沿，不如说是物理工程与基因工程的混合。

除了运用传统基因工程的手段（特别是基因编辑技术）之外，合成生物学也借鉴了化学工程、系统工程、机械工程和计算机电子工程等学科的思路和方法。特别是借鉴了传统机械工程中可更换零件、标准化生产等思路，以及计算机工程中的编码、编程的方法，把生命物质像工业材料那样进行模块化处理，制造成"零件"，再在计算机设计的蓝图下组装成生命体。

因而，工程设计理念成为合成生物学的重要特征，合成生物学也被称作工程生物学。工程设计理念通过将生物元件标准化、自动化和智能化，对当前存在的生物系统进行优化，或者自上而下地重新设计构建生命系统。"工程化思维，就是采用标准化的生物元件，构建通用型的生物学模块，在有目的设计的思想指导下,组装具有特定新功能的人工生命系统。"①当然,工程化思维是以标准化的方式进行的。标准化是指按照一定的规范和标准构建具有一定功能的、能够与其他元件自由组合的生物元件。只有在标准化设计生物元件的基础上,生命系统才能够按照自下而上的方式被组装起来。由麻省理工学院的奈特教授发明的"生物砖"(biobricks)技术进一步促进了生物元件的标准化,促使合成生物的过程更加简单便捷。②

合成生物学的出现,动摇了生命的自然本性,挑战了传统的自然生命观,打破了生命领域自然/人工的固定划分。合成生物学能够理性设计创造生命,避免了人工生命体的盲目性。这意味着构建的人工生命体是一个人工参与设计的存在,其生成根据是在自身之外;同样,人工生命体又能够按照自身规律"自然地"生长,功能是自然涌现的。一方面,合成生物学把生命视作机械来组装,具有人工的特性;另一方面,它又把机械视作生命,建立有机动态的反馈机制。本书后续也会讨论,合成生物学在方法论上以机械工程为本,但在本体论上未必持有机械论的生命观。

第三节　合成与分析：造物致知

我们说合成生物学是文、理、工的综合,是理论与实践的统一。这种统一性本身揭示出人类对"科学"与"技术"以及二者间关系的新的理解。

传统上,人们经常把技术理解为科学的应用,科学是求知,技术是实践,科学可以没有技术,而技术一定要有科学作为基础。本书后续还会讨论科学与技术的关系问题。简而言之,合成生物学并不支持上述简单化的理解方式。合成生物学家通常认为,独立于技术的理论科学是不完整的,实践也是求知的内在环节。

当然,这种观念并不是合成生物学的专利,而是现代科学普遍呈现出来的新面貌。例如在化学领域,从"分析化学"(analytical chemistry)到"合成化学"(synthetic chemistry)的发展也有类似的特征。

传统上,化学的主题是"分析",追求对事物性质的理解,但现代化学的任务

---

① 冀朋.合成生物学的哲学基础问题研究[D].武汉:华中科技大学,2021.

② 欧亚昆.合成生物学的伦理问题及政策研究[M].武汉:华中科技大学出版社,2022.

越来越多地转向了"综合"，即操控和制造化学产物。创造产物的过程一方面为化学工程和化工产业提供基础，另一方面也成为理论化学的基础。因为化学的本质与其说是要分析物质的组成部分，不如说是要理解事物的变化原理，而只有精准地实现人工操控化学变化，才能说人类真正理解了这一变化的规律。

"通过创造来理解事物"同样也成为物理学家的格言。著名的物理学家理查德·费曼写道："我不能创造的东西，我就还没有理解它。"这句格言是费曼去世后在他办公室的小黑板上发现的。其实流传甚广的"费曼学习法"也有这句格言的影子，因为费曼学习法的实质就是以教为学——某种知识如果我们不能教授给一个八岁孩童的话，说明我们自己的理解还不够到位。

费曼的格言和方法都揭示出一种深刻的知识观——知识不是空中楼阁，而是拔地而起的完整体系。只有当我们能够"从零开始"构建出我们的知识时，这些知识才是可靠的。而教学和创造都是"重构知识"的方式。

所以，合成生物学的"合成"不只是知识的应用，同时也是求知的方法。合成生物学改变了生命的研究范式，由"格物致知"到"建物致知"。传统生物学与化学紧密关联，重在对基因和细胞的观察、分析，探索基因构成生命的有机方式。相比之下，合成生物学是在设计和创造生命，通过诸多模块的有机合成构建全新的生命，与系统工程紧密相关。

合成生物学的先驱文特尔推崇费曼的格言，并把它作为"水印"的一部分加入他合成的基因组中，最终在 2010 年制造出历史上首个能够复制繁衍的人造细胞——辛西娅（Synthia）[①]。

辛西娅的遗传信息中被打上了四段"水印"，每一段都编码了工作组成员的姓名等信息，后三段水印各加了一段格言。除了费曼的格言之外，还包括罗伯特·奥本海默的"不要去看事物是什么样的，而要去看事物可能是什么样的"，以及詹姆斯·乔伊斯的"生存、犯错、倒下、战胜，用生命创造生命"。

有趣的是，文特尔引用乔伊斯名言的行为后来遭受到乔伊斯遗产委员会抗议。这其实也牵扯出某些复杂的伦理和法律问题："生命体"可以是一种"出版物"吗？在基因组中刻下版权文字或毁谤言论，然后让生命自行繁衍，这属于一种非法传播吗？如何处置那些载有"盗版信息"的生命呢？另外，文特尔本人更早就为其构建的基因组申请了专利，这同样引发了许多争议：一个活的能够自行

---

① Gibson D G, Glass J I, Lartigue C, et al. Creation of a bacterial cell controlled by a chemically synthesized genome[J]. Science, 2010, 329(5987): 52-56.

繁衍的生命体可以被某个人拥有"版权"吗？

实际上，文特尔一直是生命科学领域特立独行的先锋。在 20 世纪 90 年代，他所建立的塞莱拉基因公司借助他发明的"霰弹枪法"，以一己之力挑战了美、英、日、法、德、中六国合力，超过了人类基因组计划的测序速度，并试图为抢先完成的基因图谱申请专利。迫使当时的美国总统克林顿亲自下场斡旋，最终总算达成和解，人类基因组的官方机构与文特尔的私人公司展开合作，文特尔也放弃了为人类基因组申请专利的做法。

在基因测序的专利申请和商业开发受挫之后，文特尔转向合成生物这一新领域，在辛西娅之后继续不断迭代，直到 2016 年诞生的辛西娅 3.0，完成了对基因组的极限简化。

辛西娅的基因组仅包含 473 个基因，比自然界中已知的细菌的基因都要少，但仍能够独立生存和繁衍。如果说辛西娅 1.0 需要通过额外增加的"水印"来证明其人造属性，那么辛西娅 3.0 则是通过极致的简化证明了其人造属性——人造生命能够比自然界的鬼斧神工更加精简，这可以说是对"造物主"发起了挑战。

第四节　合成生物学广泛的应用场景

之所以一家私人公司能够引领生命科学的发展前沿，除了文特尔的特立独行之外，当然也需要资本的支持。之所以资本家愿意押注合成生物学，当然是因为这一领域确实有利可图。合成生物学能够在环境保护、资源节约、医药制作等诸多方面给我们带来巨大助益。事实上，和人工智能类似，合成生物学的终极理想虽然远未实现，但这一领域已经催生出大量应用场景，许多产品甚至早已悄然占据市场。

以下列举合成生物学若干已经初具规模的应用场景。当然，这里仅列举部分具有代表性的亮点，尚不能全面覆盖所有应用场景。

一、数据计算和存储

文特尔在辛西娅细胞的基因中打上"水印"的行为其实就是在用合成生物来进行数据存储，这种存储方式远不只是一种行为艺术，而且颇具商业开发价值。

DNA 作为数据载体，相对硬盘和闪存之类而言，存取数据显然更加麻烦一些,但另有优势。其关键在于,DNA 可以用极小的体积或质量的载体储存大量数据。1 克 DNA 至少能够存储 1 万 TB 的数据,更先进的编码和矿化工艺据说可以达到每克存储 1PB 乃至数百 PB 数据。相比于传统的硬盘,DNA 存储在相同体积内能保存更多信息。在合适的条件下,DNA 存储的数据时间较久,长达数千年不会退化。当然,由于读写的时间和成本较高,目前 DNA 还不可能取代电脑硬盘,但是在某些极端场景下或许是一种不错的方案——例如在旅行者号探测器上携带地球文明的重要信息。

除了存储数据之外,合成生物或许也能替代计算机的 CPU。通过合成生物学,我们已经能够在活细胞中设置逻辑门,在细胞内进行某些演算活动。有人把纳米生物计算机称作量子计算机的替代者,这种说法或许有些夸张,但是与庞大的量子计算机相比,生物计算机未来更有可能植入人体内发挥作用,比如智能排毒、定向给药、专杀癌细胞等。

二、传感和安保

合成生物学不仅能够用于存储数据,还能够用于促进安保。合成生物学在传感和安保领域的应用为生物传感器的开发、环境监控、安保技术和生物防御等方面带来了全新的可能性。合成生物学可以创造出具有高度灵敏性、选择性和响应性的传感器,用于检测化学物质、病原体或环境变化。通过合成生物学设计制造出的发光细菌,可以成为对特定物质敏感的指示剂,用于检测污染、拆弹排雷、识别病毒等。

合成生物学可以用于设计传感系统,快速检测病毒、细菌或其他病原体的存在。这对于防范生物攻击或应对大规模传染病暴发至关重要。2021 年,能够标识新冠病毒的特殊口罩已经问世,当呼吸中含有新冠病毒时,口罩上的指示器就会变色示警。当然,可能是考虑到成本等原因,这款口罩并未普及。另外,合成生物学可以设计出能够识别爆炸物、化学武器成分或毒气的生物传感器。这些传感器能够在微量条件下检测到危险物质,并及时发出警告。2017 年,以色列的一个合成生物学团队研制出一种对 TNT 等物质敏感的大肠杆菌,用于制造排雷器。

合成生物学还推动了基因电路在安保系统中的应用。通过设计细胞内部的基因网络,可以实现对外界信号的自动响应和处理,形成“智能”安保系统,适用于高风险环境的自动监控和防御系统。合成生物学家能够将细胞设计成遇到威胁时自动报警,或者在基因组中植入“自杀基因”,一旦出现问题,确保其在特定的环境下死亡,防止造成伤害。

三、医药

生命科学向来都在医学和制药领域有广泛应用,合成生物学当然也不例外。一方面,利用合成生物学能够加快疾病研究和药品开发的速度,能够设计出治疗癌症和传染病的药物,让科学家更容易获得实验材料和验证理论猜想;另一方面,许多药物和疫苗的生产本身也借助于合成生物学。目前,一些合成生物学支持下的糖尿病药物、靶向药已经问世。

有合成生物学家在酵母菌中混合植物、细菌和啮齿动物的基因,这种酵母菌能够合成蒂巴因(thebaine,一种罂粟麻醉剂,许多医用阿片类药物的前体)。该研究被《科学》评为"2015 年十大年度科学发现"之一。

青蒿素是我国科学家的重要贡献。青蒿素是治疗疟疾的特效药,但化学合成青蒿素的成本较高,这使得该药物供应短缺,很多病人因此死亡。据统计,在撒哈拉以南的非洲,每年有两三百万人患疟疾。针对这一情况,美国科学家通过合成生物学改造酵母菌和大肠杆菌,让它们代谢出青蒿酸(青蒿素的前体),从而加速青蒿素的工业生产,提高产量。①

在未来,合成生物学可能重新设计细菌,用来帮助治疗和检测人体内的毒素;也有可能实现各种定制器官的人工制造,用于器官移植并减弱排异反应。

四、农业

生物技术向来广泛应用于农业领域,合成生物学也不例外。合成生物学有助于农业生产的发展,不仅可以帮助缓解全球粮食供应问题,还能够在食品制作方面提高食物的营养价值、风味和口感。农业合成生物技术将为光合作用、生物固氮、生物抗逆、生物转化和未来合成食品等世界性农业生产难题提供革命性解决方案。合成生物学家致力于推进更加环保和抗病的农作物产品,通过基因设计和重新编程,实现对作物的精准改良,增强其抗性和增大产量。科学家可以设计出具有更强抗病虫害能力的作物,或者设计出更加适应极端环境条件的作物,如干旱、高温、盐碱地等,有助于提升农作物的产量和质量,缓解粮食危机。基因的编辑与合成技术可以指导农作物育种工作。生物传感技术可以用来检测土壤成分和预警病虫害,帮助农民耕种。运用合成生物学能够设计出特定的微生物

① Martin V J, Pitera D J, Withers S T, et al. Engineering a mevalonate pathway in Escherichia coli for production of terpenoids[J]. Nature Biotechnology, 2003, 21(7): 796-802.

菌落,分解有害化学物质,修复受污染的土壤。这些微生物能够降解有毒物质,减少农田中的重金属或化学农药残留,从而促进农业的可持续发展。此外,合成生物学还可以帮助开发用于监测农业环境的智能传感器,这些传感器可以实时监测土壤品质和环境退化的状态。

另外,在食品领域,利用合成生物学提高食物营养价值、延长食物保质期等,可以给消费者提供多样的选择。比如在"人造肉"领域,合成生物学已经大显身手,利用植物蛋白制造的合成乳制品以及肉类替代品等相关产品早已走向市场。impossible meat、beyond meat 等人造肉已经走上欧美人的餐桌。[①]

五、工业

在工业领域,合成生物学也有用武之地,特别是合成各种工业酶,加速化工产业和新能源的生产等方面。资源消耗和能源需求增加是不可回避的现状,开发可再生能源一直是近几十年的重要课题。合成生物学在可再生能源方面的应用十分广泛,比如纤维素乙醇能够从许多原材料中提取,而传统生物乙醇只能从谷物中发酵,减轻了经济压力和其他方面的压力。丁醇作为合成生物燃料,经过简单的加工处理就能应用于传统的汽油发动机,具有密度大、油耗低的优点。当然,一些细菌中的酶也可以制作乙醇,但过程缓慢,效率低下。合成生物学家利用大肠杆菌增强酶的化学反应,从而生产更多的工业乙醇。[②] 此外,藻类燃料作为合成生物学燃料,能够利用合成生物技术从藻类细胞中提炼出生物油。这种生物油转化为生物燃料的效率较高,成本较低,可以成为替代传统柴油的绿色能源。生物氢同样作为环保燃料,原料广泛,较易获得,能够再生,有助于减少环境污染。但生物氢的压缩成本较高,难以运输,需要较大储存空间,这些成为开发生物氢的难题。合成生物学家则尝试用淀粉和水合成酶,从而生产出干净、好存储、容易运输的生物氢。[③]

合成生物学家设计的微生物能够处理工业废水中的有毒化学物质,甚至将其转化为可用的氢气等。利用合成生物学生产的新型生物燃料能够减少对不可

---

① 杜立,王萌.合成生物学技术制造食品的商业化法律规范[J].合成生物学,2020(5): 593-608.

② Nanda S, Golemi-Kotra D, McDermott J C, et al. Fermentative production of butanol: Perspectives on synthetic biology[J]. New Biotechnology, 2017, 37(Pt B): 210-221.

③ Zhang Y P, Evans B R, Mielenz J R, et al. High-yield hydrogen production from starch and water by a synthetic enzymatic pathway[J]. PloS One, 2007, 2(5): 456.

再生资源的消耗和依赖,使合成燃料在工业领域实现量产,从而减少环境污染,降低经济成本。

六、材料

合成生物学在材料科学上也有许多应用,在开发新型材料、可持续材料和智能材料方面展现了巨大的潜力。通过改造生物体或设计新的生物合成路径,利用合成生物学可以生产出具有独特性能的生物材料,降低某些材料的生产成本,解决传统材料工业中的诸多难题。例如,传统塑料、纤维的替代品,柔性薄膜,自愈混凝土等。利用合成生物学可以生产自我修复的材料,当其遭遇物理损伤或者环境变化时,这些材料可以通过内部的微生物机制或分子结构自动愈合。利用合成生物学可以把混凝土这样的无机物变成"活物",让砖石可以自行修复乃至自行生长。例如,在干燥环境下,某种细菌停滞休眠,而一旦暴露在潮湿环境中,细菌就会被激活,代谢出黏合物质,这样一来,植入特殊细菌的混凝土一旦开裂就会自动修补。

七、创造新物种

前文提到过,合成生物学家致力于从头合成自然界中不存在的全新生命形式,这改变了认识生命的方式,由"格物致知"到"建物致知"。[①] 利用合成生物学可能创造出各种新物种,包括前文提及的猛犸象和尼安德特人,也可能帮人类定制一种宠物,乃至改造人类。合成生物学让我们掌握了基因的密码,拥有合成新物种的能力。这在一定程度上能够影响物种多样性、基因多样性或者物种的演化方向。学界不仅认为我们利用技术复活生态系统中灭绝的物种有利于增加生物多样性,还认为将合成生物放在生态系统中可能会对当前稳定的生态系统造成破坏。因而,借助合成生物学的发展,人们试图将已经消亡的物种带回世界中的努力可以实现。利用合成生物学能够创造生态系统中不存在的物种或者恢复生态系统中灭绝的生物,直接参与塑造生态系统。"CRISPER 使得我们有能力

---

① Michael Elowitz 和 Wendell A. Lim 在 Build life to understand it 一文中认为,生物学家和工程师应该一起工作,合成生物学揭示了有机体的发展和功能。而国内学者刘陈立等人最初在译"Build life to understand it"的过程中将其译成"建物致知",也有学者表达为"造物致知"。这两种表达指的都是利用合成生物学设计与创造人工生命系统,可以更深入、系统地了解生命本质。[Elowitz M, Lim W A. Build life to understand it[J]. Nature, 2010, 468(7326): 889-890; 张炳照, 赖旺生, 刘陈立. 合成生物学与科学方法论和自然哲学[J]. 中国科学：生命科学, 2015(10): 909-914.]

迅速并且不可逆地改变地球的生物圈,按人类的意志改写任何生物的基因。"①当然这些方向由于技术不够成熟和伦理争议较大,暂时还少有实现,但我们必须预先考虑相关的伦理和哲学问题。

八、造成破坏

合成生物学的到来不仅能在多方面给我们带来益处,当然也可能被用于作恶,具有潜在的破坏性风险。其中,在生物安全方面,合成生物学的发展使合成病毒、定制生物武器等不再是难事。这就使得恐怖分子或者犯罪团伙有可能利用合成生物技术合成病毒,制造生物武器。甚至,合成的微生物一旦被恶意释放到环境中,会干扰生态系统的稳定。"合成微生物释放到环境可启动基因的水平转移,影响生态平衡,或演变出异常功能,对环境和其他有机体产生副作用。"②这些研究也是合成生物学可能的应用场景,关键是有些研究本身难分善恶,例如,合成病毒的工作其实是研发疫苗和药物的必要环节,如果被滥用,就会造成危害。因而,我们需要对合成生物学可能引发的伦理问题进行讨论,从而最大可能地助力合成生物学的研究。例如,2021 年在新冠疫苗的研发过程中,已经有团队利用合成生物学改造新冠病毒以加速研究,但引起了广泛争议。

第五节　合成生物学的伦理争议

我们看到,合成生物学已经或即将对人类生活带来广泛的影响,自然也引起了广泛的争议。本书的主题正是初步探讨合成生物学引发的伦理问题和哲学问题。以下我们先列举一些现有争论中的焦点问题,其中一些问题将在后面章节讨论。

一、概念/哲学问题

前文已经提示,打破自然与人工的界限,夺取"造物主"的权柄,这是合成生物学的成就,但也引起了诸多哲学问题。如:"自然"究竟是什么?"生命"究竟是什么?是否应该利用合成生物学制造自然界中不存在的生命?"顺应自然"这一

---

① 珍妮佛·杜德娜,塞缪尔·斯滕伯格.破天机:基因编辑的惊人力量[M].傅贺,译.长沙:湖南科学技术出版社,2020.
② 翟晓梅,邱仁宗.合成生物学:伦理和管治问题[J].科学与社会,2014(4):43-52.

提法还有意义吗？人工和自然的区别还存在吗？"扮演上帝"的态度究竟是一种荣耀还是傲慢？

合成生物学对传统"自然"观念和"生命"观念造成了挑战。自然指的是能够自我生成的非人工创造的存在，不受人类控制的自在之物，如森林、岩石和花朵等。人工意味着由人设计，自身不存在自我生成和存在的法则。亚里士多德对"自然"与"人工"进行划分，他明确区分了自然物与人工物。亚里士多德认为，自然物指的是能够根据内在于自身的目的存在，自然物内含自身形成的根源和法则，能够自我涌现生成；而人工物的目的和动力外在于自身，人工物只能根据外在于自身的目的生成。自然物优于人工物。"凡存在的事物有的是由于自然而存在，有的则是由于别的原因而存在。"①

而生命被认为能够根据内在目的生长和涌现出来。因而，生命是自然形成的，非人力所为。生物学上的自然比人工更有价值，我们总是下意识地认为"凡是自然的就是最好的"。人们倾向于选择自然之物，认为它是更天然的、更安全的，自然的东西更值得追求。在转基因技术刚出现之时，转基因食物被看作"弗兰肯斯坦"食物，如果让公众进行选择，公众大概率会选择自然生长的食物而非转基因食物。自然被认为是本然该有的样子，所以人工物需要不停地模仿自然，社会在不断模仿自然的过程中运行。

对人工与自然的这种划分，蕴含着对所谓神的敬畏。在某些人看来，自然是神创造的，凡是自然的事物，出自神之手而非人之手，人不会参与其中。这赋予自然不可取代的"神圣"地位。自然承载了道德规范的作用，蕴含了内在的合法性，具有"天然"的优越等级。生命作为自然存在，一直被认为是由神创造的，只有神才具有创造生命的权利。合成生物学的发展，使得人也拥有创造生命的权利，打破了人与神的边界。

早就有学者从不同领域对自然与人工的划分进行了批判。罗尔斯顿认为，环保主义者常说的"野生"的自然、"不受人类束缚的"自然以及"自发的"自然从来都是神话。② 彻底打破自然与人工界限，对生命进行重新定义的是合成生物学的发展。合成生物学家能够创造出融合传统"自然"与"人工"的生命存在。合成生物学中对基因的处理是人工的，合成生物的基本元件、生命模块和细胞载体都

① 亚里士多德.物理学[M].张竹明，译.北京：商务印书馆，1982.

② Holmes R. The Anthropocene! Beyond the Natural? [M]// The Oxford Hand-book of Environmental Ethics. Oxford：Oxford University Press，2017：62-73.

是人工制造或合成的。人工生命体按照设计要求,不同组成部分之间相互作用,形成一个有序的循环系统,这是自然生长的过程。"从'合成'的视角看,合成生物是经由人工制造产出的,因而是一种人工物;而从'生物'的视角看,合成生物固有生命的自我生成特性,因而是一种自然物。"①

利用合成生物学能够人工合成新的生命形式,这引发了关于"什么是生命""自然的概念""顺应自然"的合法性,"人工生命的地位"以及人"扮演上帝"等伦理问题的讨论。对这些问题的探讨,有助于我们更深刻地理解合成生物学。

二、一些伦理原则的问题

科技发展使得我们有可能做到更多的事情,但这些可能做到的事情未必都是应该做的事情,指导我们行为的善恶原则需要被重新讨论。例如,如果我们有能力定制后代的基因,那么我们有权利这么做吗? 如果我们按照自己的"喜好"或是社会的标准对后代的基因进行改造,又如何确保这一行为会得到后代的"满意"呢? 正如我们修改后代基因,生出来一个皮肤白皙、大眼睛的孩子。但这种改变符合孩子自身的审美吗? 这就涉及我们如何保持代际公平的问题。如果为了医疗目的,或是不被社会边缘化,我们不但有权利,而且有义务这么做。例如,父母有义务帮子女修改遗传病基因,让其变得健康,甚至更聪明、更漂亮,从而能够更快地学习技能,不被社会边缘化等。这看似一件好事,但问题是,如果我们的父母都倾向于借助改造基因使得未来的孩子聪明、漂亮、健康,未来很可能出现千人一面的局面,这进一步削弱了差异。如果有人对此质疑,认为我们可以创造出有差异的孩子,问题就会更麻烦。这就涉及我们要在多大程度上修改基因? 谁来决定修改基因的"度"呢?

此外,既然我们有能力修改后代基因,"复活"猛犸象或其他灭绝生物,那么谁有权这么做? 如果说"复活"猛犸象是因为人类行为过失导致生物灭绝,从而对此负有道德责任的话,那么问题的关键就在于:我们如何判断要复活何种生物? 抑或是将因人类行为灭绝的生物都复活? 由谁来决定究竟该复活何种生物呢? 最为关键的是,当我们创造出一种智能生物时,该如何对待? 假如丘奇的尼安德特人复活计划成功了,或者某种"改造人"问世了,这种生物的智能或许超过人类,也或许低于人类,那么它们拥有自主性吗? 应该享有与我们同等的"人权"

---

① 刘海龙.合成生物究竟是人工物还是自然物——从其概念的内在矛盾谈起[J].自然辩证法研究,2022(10):50-55.

吗？它们与普通人之间的相处该当如何呢？

实际上，合成生物的出现动摇了人的生命尊严和道德地位。发展合成生物学的目的是造福人类，为人们提供便利。在这种理念下，合成生物学制造出来的生命是为了满足自然生命的目的，它们不是由自我目的内在驱动的存在。合成生命是由自然生命挑选基因设计而成。但是，合成生命毕竟是通过组装与建构而设计合成的生命，具有生命的特征。所以，合成生命体是否应该被赋予，以及赋予何种权利和道德是一个值得关注的问题。"合成生命体到底作为生物还是机器的道德地位难以界定。"①如果我们承认合成生命拥有自然人一样的道德地位，就相当于承认合成生命的"人权"和尊严，这会降低自然生命的价值，对传统"生命"概念造成挑战。

有学者认为，人造人的自由意志与人类的自由意志不具有平等性，前者属于次等的、从属的意志。因为人造人的基因是被人类选择的，基因选择包含了人类自由意志的意图。但是，这一说法并不成立。基因编辑婴儿已经降生，他们的基因就是被人类部分选择过的，他们应该被看作次等人吗？另外，试管婴儿是人类意志选择出来的，有些小孩的性别也是选择出来的，经过选择之后他们的自由就低等了吗？未来的人造人可能编辑出比普通人健康和聪明的人造人，他们并不低于"自然人"。目前这一问题还存在诸多争议。尽管如此，这也是一个具有开放性的问题，需要在发展中综合考虑才能够给出一个合理的定位。

三、生物安全问题（biosafety）

我们生活在一个高度关联的人类世界中，任何地方性变化都可能在全球范围内引起变化。如果一个新物种的存在不限于实验室，而是有可能释放到生态系统中自行繁衍，那么它一定会引起整个生态系统的变化，而这些变化未必是可以精确预估的。合成生物学让我们掌握了编辑基因进而合成新物种的能力，这在一定程度上能够创造地球上不存在的新物种或者决定物种的演化方向。将合成生物释放到生态系统中会引起变化，涉及生物安全、生态系统的动态平衡和生物多样性问题。在这一过程中，如何衡量合成生物的生态风险？如果发生了不可逆转的后果，谁应该对此负责？某种后果是好是坏，谁说了算？举例来说，如果释放某种经过基因改造的蚊子，就导致野生蚊子灭绝，这一后果可能公认为是善的；但如果是让老鼠灭绝、让蟑螂灭绝，或者让麻雀灭绝，那么关于这一后果的

---

① 雷瑞鹏，冀朋.合成生物学的知识伦理问题初探[J].自然辩证法通讯，2019(2)：101-107.

善恶未必能达成共识。让猛犸象群奔跑在西伯利亚冻土上这件事情,恐怕也不是所有人都觉得是好事。如何评估后果、防止危害,既是一个科学或技术预测的问题,也是一个伦理学和价值观的问题。

此外,合成生物学技术的快速发展促使获得和使用这一技术的门槛降低,越来越多的团队或者个人能够有机会使用这一技术。但是,没有受过训练的人在实验的过程中可能会缺少安全知识和标准化的操作规范,从而造成安全事故,增加技术滥用的风险。

四、生物安保问题(biosecurity)

生物安保问题与生物安全问题略有差别,生物安全更多的是指生物科技对生态环境和其他物种造成的危害,生物安保则是指防止别有用心的人滥用生物科技故意造成危害。许多技术在妥善控制的情况下是好的,但一旦失控则会造成破坏。研究病毒、研发疫苗和药物的工作,其中许多环节的生成物一旦泄漏出来,也会造成严重破坏。科学家能够借助合成生物学技术重新设计或者重构病原体,这对于药物和疫苗开发具有重要意义,但是一旦被坏人或者恐怖分子利用,则可能造成巨大的威胁。甚至,这些人能够利用基因技术和合成生物技术制造生物武器。未来的生物技术有可能和原子弹一样危险,但更易学、更便宜、更隐秘,所以很难简单套用控制大规模杀伤性武器的方式去保护生物安全。究竟谁有权参与生物学研究和实践? 谁来界定安保的界限? 如何防止生物黑客、生物恐怖主义的危害? 国际上能否就合成生物学的安保问题达成合作? 等等。这些问题都值得讨论。

随着合成生物学和人工智能的结合,计算蛋白质设计的能力和准确性在迅速提高,这有望改变生物技术,从而推动可持续发展和医学领域的进步。DNA合成在物质化设计蛋白质中起着关键作用。但是,与所有重大的革命性变化一样,这项技术很容易被滥用并产生危险的生物制剂。这就涉及生物信息和数据管理的安保问题。合成生物学离不开基因组数据和生物信息库,这些数据一旦被坏人利用,就可能会带来极大的风险。为了降低可能出现的风险,可以加强合成生物学数据库的安全管理,将所有合成基因序列和合成数据都收集并存储在仅在紧急情况下可以查询的存储库中,以确保蛋白质设计以安全、可靠和值得信赖的方式进行。

五、利益平衡问题

即便生物科技带来的影响都是对人类有益的,所有危险都被妥善控制,生物科技的高速发展仍然会带来额外的问题。其关键在于，人类不是铁板一块的单一主体，并不是所有人的利益都是一致的。人类之间存在事实上的不平等，国家之间有冲突，阶层之间有差异，那么生物科技带来的成果究竟该由谁优先获益呢？如何保证穷人、弱国、少数族裔的利益？如何在促进创新者的积极性的同时尽可能保证利益的共享？哪些知识和效益应该由少数人独占，哪些应该开放给全人类？合成生物学对基因的操纵能力是否会进一步导致不平等？

实际上，掌握合成生命技术的科学家也就意味着掌握了生命密码，这些科学家们很容易将此作为统治其他人的工具。因为使用和掌控基因的权力一直是一个有争议的话题。珍妮·里尔登等在 *Your DNA Is Our History* 一文中以基因组计划和亚利桑那州州立大学在原始住民 DNA 使用权争论的案例中阐释，大部分生物学家和遗传学家都想从生物学视角出发，强调遗传基因的非民族性，从而希望获得原始住民的 DNA 使用权。但是一旦他们用于研究，就有可能将研究成果与阶级统治结合起来，从而对他们原始住民造成生活困扰和歧视，反而加强了种族主义和维护了白人的统治。[①] 合成生物学不仅能够修饰基因，还能够合成基因，创造生命，这赋予掌握技术的人更多的权利。在发展合成生物学的过程中，究竟满足谁的利益，谁占据话语权等，都是非常关键的问题。如果在这一过程中，缺乏大众的参与和多方讨论，这类技术就更容易成为阶级固化和加强统治的工具。而掌握基因密码的科学家和普通大众之间可能会出现不可调和的矛盾，合成生物学成为不同政治利益团体争权夺利的工具。

本书之后的章节将会部分讨论上述问题。在这本入门导论性质的教科书中，我们并不急于对各种争议问题给出确定的答案，本书更重要的使命是帮助读者进入恰当讨论相关问题的语境。所以，第二章到第四章，先从生物科技的历史讲起，从进化论、转基因延伸到基因编辑。随着生物科技的发展，人类社会已经有许多争议和冲突。合成生物学并非凭空出现，合成生物学所面临的许多争议也需要基于这些历史背景和经验教训来讨论。在回顾了生物科技及其各种争议的历史之后，第五章介绍了生命伦理学的一般概念，以提供讨论的框架。最后，第六至第八章回到"合成生物学"的特殊语境，讨论合成生物学所需要的世界观（机械论与有机论的结合）、自然观（何种意义上仍要顺应自然）、"上帝视角"（"造物主"心态）的缺陷、科学与技术的界限（学术自由与社会约束的平衡）等问题。

① Reardon J, TallBear K. "Your DNA is our history" genomics, anthropology, and the construction of whiteness as property[J]. Current Anthropology, 2012, 53(S5): S233-S245.

第二章
加速时代的科技与公众

我们正在进入一个前所未有的加速时代。科技的发展不断塑造着我们的生活方式和认知结构。在技术快速发展且继续加速的时代中,人类的社会组织方式、法律规范、伦理道德以及人的思考方式难以跟上技术发展的脚步,呈现出"人文滞后"的局面。但是,对科技的人文反思和伦理规范有助于促使科技平稳发展,大科学、大技术时代更需要伦理规范和公众的参与。探索科学普及的模型和公众参与方式,对增进公众对前沿科学发展与应用的利益风险认知等具有重要的时代价值和现实意义。

第一节 人文滞后于科技

我们身处科技加速发展的时代,合成生物学和人工智能等前沿科技领域日新月异,令人应接不暇的新科技对社会和伦理提出了新的挑战。人类的社会、政治、经济、文化和伦理等各个人文领域都必须不断适应新科技带来的新问题。

从历史上看,人文领域同科技领域一样,也是不断发展进步的。一般而言,科技发展激发了人文的革新,例如,印刷术推动了宗教改革和思想解放。但是,也存在人文领域的新气象激励了科技的繁荣的情况,例如,英国的清教伦理和政治环境促进了科学革命和工业革命的滥觞。总体来说,科技与人文互相撬动,共同进步。

但是当科技的发展越来越快时,科技与人文的平衡被打破了,人文领域似乎远远滞后于科技进步,不再形成互相激励的正反馈关系,许多科学家甚至把伦理和法律视为科学发展的累赘。这是因为技术的快速更新,使得社会规范和人的思考方式难以跟上技术发展的脚步,从而形成了一定的割裂和滞后。法国哲学家斯蒂格勒用一般器官学(general organology)对人文和科技的这种失衡的状态进行了深刻的讨论。①

斯蒂格勒认为,一般器官分为躯体器官、技术器官和社会器官,这三者是相互影响、动态互构的。躯体器官指的是大脑、手、脚等身体器官,是属于"我"的东西,包括身体和心理;技术器官指的是电脑、手机、手表等技术物或技术系统等;社会器官指的是前两者在互相作用和影响的过程中形成的,能够塑造个体和集体精神的风俗惯例、社会组织等,即指"我们"。这三种器官构成一个动态的系统,相互作用,相互转化。一般而言,技术器官会先于其他二者产生变化,并对之前的稳定关系造成破坏,需要个体器官和社会器官进行调节和改变,从而形成新的亚稳定状态。"这三种个体处于互个性化的亚稳定状态,它们有各自的逻辑,但又彼此相依,共同构成了人类所生存的这个世界。这个世界是由三重器官系统构成的互个性化的世界。"②

但是,在技术飞速发展的今天,技术器官先于个体器官和社会器官发展变化,几乎不给个体器官和社会器官反应的时间。个体器官和社会器官还没来得及根据技术器官的变化形成相应的应对策略和做出相应的改变,技术器官就又发生了变化。这一过程不仅体现出人文滞后于科技发展,而且体现出延迟性的丧失。

为什么人文的发展越来越难以追随科技的脚步呢? 我们可以看看 1900 年起技术发展和预期寿命图③。图中的曲线表示 1900 年以来多项新技术在美国从诞生到普及(从 10% 以下的采用率到 90% 以上的采用率)的历程。可知,20 世纪初诞生的那些新技术,如电话、汽车、收音机、冰箱等,普及的速度相对平缓;而到了 20 世纪末,特别是 21 世纪初,新技术的普及变得非常迅速,如手机、互联网和智能手机等,特别是智能手机几乎就是在 5 年内从无人拥有到无人不有。

在 20 世纪初,人类已经走进了技术加速发展的时代,但总的来说,科技的迭代速度大体还是慢于人类的迭代速度。也就是说,当一种新技术问世,而这一新技术未来将会重塑人类的生活方式,成为所有人日常生活的必需品,那么你不用

① 斯蒂格勒. 人类纪里的艺术:斯蒂格勒中国美院讲座 [M]. 陆兴华,许煜,译. 重庆:重庆大学出版社,2016.

② 陈明宽.技术替补与广义器官[M]. 北京:商务印书馆,2021.

③ 分析师 Horace Dediu 在 2013 年绘制的图表"Adoption rates of consumer technologies in the U.S",参见 https://www.sott.net/article/348093-Running-with-scissors-The-potential-dark-side-of-reality-technology。

急于适应,因为等到它成为必需品时,你的寿命多半已经到头了。所以你大可以一生都保持旧的生活习惯,而让你的子孙后代去和新技术磨合。

到了 20 世纪末,情况完全不同了。此时,当你遇到一种革命性的新技术时,你不得不在有生之年适应它,甚至必须在三五年之内适应它,如若不然,你就很快会和社会脱节,因为当 90% 的人采用了新技术后,整个社会的各种活动方式和环境设施都将围绕新技术进行迭代,滞后的人可能面临连出门买菜都难以胜任的窘境——在智能手机高速发展的今天,部分老年人的处境已经例示了这一局面。当老人们好不容易适应了智能手机之后,其他无数新玩意儿接踵而至,以至于 35 岁的中青年都应接不暇了。

老年人因为跟不上技术发展的节奏而难以自在生活,中年人因为跟不上技术迭代的速度而濒临失业,年轻人因为眼花缭乱的未来而迷失方向……

你或许要问,既然大家都来不及适应新技术,那么新技术如何能迅速普及呢?关键在于,技术与资本结盟了,技术推广更多遵循资本增殖的逻辑。举例来说,许多水果、蔬菜、粮食、肉类的新品种迅速普及,取代了传统品种,并不是由于大家更适应新品种,而经常是新品种更耐储存和运输等,因而更适应物流和销售系统,有利于规模化产业。许多新技术的流行并不代表人类已经充分与之磨合,相处融洽。相反,人们越来越没有余地与新技术进行小心翼翼的试探和磨合,慢慢双向奔赴,从而更多的是被动地接受了新技术的席卷和旧生活方式的消亡,就像部分领域的预制菜替换了街头小吃那样,无情的商业力量并不照顾人们的情绪。

第二节　疾驰的科技需要扣上安全带

伦理学家、政治学家、法学家等,也有同样的处境。在古代,一种新技术从出现到普及,往往需要上百年乃至数百年的时间。其间,思想家和行动家们慢慢适应它的存在,反省它的利弊,探索利用和限制新技术的方式,最终推动社会体制改革。当然,其中也会爆发许多激烈的冲突。总之,在数百年的磨合和碰撞之中,技术与人文有可能互相扶持、齐头并进,正如工业革命与启蒙运动的互相成就那样。

但在今天,一种新技术从出现到普及,甚至比一个人文学者做一个课题(从酝酿立项到成果问世)的周期还要短。也就是说,在新技术早已影响广泛、覆水难收之前，人文学者们根本就来不及充分思考和争论新技术带来的各种问题，更不用说形成共识了。

所以在加速时代，人文学科的地位注定是尴尬的，它们注定要扮演"马后炮"乃至"拖后腿"的角色。那么，我们是不是该干脆放弃对新科技的人文关切，不再去讨论新科技带来的伦理和其他问题？事实上，我们的确需要重新审视科技人文的定位，在科技对人类的影响日益复杂和深远的时代，我们更应该要求人文学者关心科学技术的前沿发展，人文学者不能再满足于跟在技术之后以马后炮的形式进行讨论，而是要与技术发展同时进行，甚至要早于技术发展，对技术进行前瞻性思考，促使技术在规范中发展，在发展中规范。雷瑞鹏等认为："对于像合成生物学那样的新兴技术的创新、研发和应用，必须'伦理先行'。在科学家采取行动，启动研发时，必须先制订暂时性的伦理规范。这种规范是暂时性的，因为制订这些规范时我们缺乏充分的信息，而且新兴技术具有不确定性，我们可以随着科研的发展，及时进行评估，修订我们的规范。"①

此外，关于科技与人文的一个关键问题是：科技与人文究竟谁是手段，谁是目的？

我们相信，科技的进步是有益的。在科技的支持下，人类过上越来越美好和丰富多彩的生活，换言之，科技的进步有益于人文的丰富。

人类的思想越来越丰富，观念越来越多元，生活越来越多姿多彩，社会越来越和谐友好——这些才是科技进步和财富增长的最终目的。科技进步是手段，人的幸福生活才是目的。

相反，我们不能反过来把科技进步看作人类精神生活和物质生活的终极目的。如果说人类的生活最终是为了促进科技进步，那么我们就要为了适应技术发展速度而将人裹挟进去，为了科技进步而无视人伦，牺牲自由和平等，压抑思想和生活。而这显然是不可取的。

要注意，为了科技进步而牺牲与为了政治革命而牺牲是不同的。政治革命或保家卫国之类的壮举是有限的，其有始有终，"牺牲我一人，造福了子孙后代"，这是伟大的利他主义。但是科技进步是无限的，非但没有止境，反而要不断加速才好。如果说我这一代人应当为科技进步而牺牲，那么下一代人同样也应当这么做，子子孙孙都应该牺牲。如此一来，科技进步换来的反而是人类永恒的牺牲，这就本末倒置了。

---

① 雷瑞鹏，邱仁宗. 合成生物学的伦理和治理问题[J]. 医学与哲学，2019(19)：38-43.

所以我们无论在什么时候，都不应该为科技进步而放弃人文关切，因为我们总是要保证科技进步为人类文明带来福祉。

或许你认为科技进步也是有目标的，当达到了某一目标时，科技就不再需要人类去推动了——例如强人工智能的实现标志着一个"奇点"。但问题是，如果真的存在这个"奇点"，那么在此之后科技的发展将如脱缰野马，完全失控。如果在此之前科技与人文的关系处于严重冲突的状态，那么这一状态可能永远也没有机会逆转了。所以我们更需要在当下坚持人文关切，努力发展科技与人文之间的建设性关系。

也许在加速时代，人文之于科学只能产生某些"马后炮""扯后腿"的影响，但必要的"限制"也可能是建设性的。

我们把科技的高速发展比作一辆疾驰的汽车，有些乘客希望汽车一往无前地加速，也有些乘客希望减速乃至刹车。但无论是哪类乘客，都不应该反对"安全带"的作用。"安全带"并不直接影响汽车的加速或减速，从表面上看，它就是对乘客们单纯的保障。

"安全带"对应于各种政策法规，而哲学家和伦理学家扮演的角色甚至不是"安全带"，因为他们本身并不提供束缚力，他们的言论更像是当安全带没有系紧时，响起的警报声。这些警报声除了让推动科技加速发展的科学家和企业家们心烦意乱之外，似乎没有任何助益。

真正理性的人，无论希望加速还是减速，都必须承认安全系统是不可或缺的结构环节。"安全带"既不促进科技的加速，也不导致科技的减速，它的意义是在科技的激烈冲击下保护人类，以及保护人类所珍视的价值。

第三节　公众应当参与科学

针对科技发展，哲学家和伦理学家只是发出一些警告的声音和启发性的见解，真正能起到约束作用的是政策法规和舆论监督，而这些权利都来源于广大公众。

但科学家、企业家们往往并不欢迎公众的"指手画脚"，公众的建议并不能成为他们继续进行科学研究的考量因素。因为公众往往显得"无知""盲从"，甚至阴谋论横行。

生命科技领域向来是阴谋论的重灾区，正常的实验室可能被诬传为生化武器研究所，正常的生物制品可能被指认为恶意投毒，新冠疫情期间各式各样的阴谋论层出不穷……

但我们不该怪罪公众的愚昧，关键是关于科技问题的公众交流机制并不完善。因而，我们要努力搭建科技的多渠道公众参与机制，形成政府、科学家和公众"三位一体"的科学传播与普及交流模式，构建促进公众认知的科学传播平台与公众参与途径。尤其像合成生物学这种带来生命领域革命的技术，是关乎每一个人甚至我们子孙后代的技术，更是需要公众的广泛参与。公众参与为合成生物学科学决策和道德判断提供了社会支持和多元思路，从而为合成生物学的良性发展提供了社会支撑。

当然，科学家和科普作家的反应都还有许多值得改进之处。在面对公众的质疑时，科学家不总是正确且无辜的，事实上，公众的忧虑也经常被证明是正确的。科技快速发展的时代，公众参与科学成为一种全社会共同推进知识发展的方式，公众不仅能够为科学研究提供大规模的数据和资源，还能够通过合作模式增强科技发展的公开性和透明性，从而增进公众对科技的理解和对当下时代的思考，对科技的复杂性和不确定性有更深入的认识。

科学家与公众的交流问题通常被归入"科学传播"这一范畴。科学传播并非简单地将科学研究成果告知公众的过程，而是在与公众互动中促进科学的发展。在科学传播领域，2000 年是一个标志性时间节点。这一年英国上议院科学技术特别委员会发表了一份重要的报告，承认了公众参与科学的合理性，要求政府和科学家应当积极回应公众关切和忧虑的一系列问题。

报告中写道："社会与科学的关系正处在一个关键时期……一方面，从未有过一个时代像今天这样，涉及科学的问题如此激动人心，如此令公众感兴趣，涌现如此多的机会；另一方面，一系列事件动摇了公众对于政府收到科学建议的信心，这种信心的动摇在疯牛病一役的惨败中达到顶峰。许多人对包括生物技术和信息技术在内的科学领域所提供的巨大机会深感不安……"①

疯牛病在 1986 年首次被发现，病牛呈现出狂躁不安等神经症状，最终死亡。在 1988 年，科学家已经认为动物饲料中的蛋白质是可能的致病原因。1990 年，医疗专家们相继发现猫和猪等其他物种也会感染疯牛病，于是公众开始担忧疯牛病传染给人类的可能性。

---

① ［英］上议院科学技术特别委员会.科学与社会——英国上议院科学技术特别委员会 1999—2000 年度第三报告［M］.张卜天，张东林，译.北京：北京理工大学出版社，2004.

此后，英国政府委托科学家进行调查，调查结果是疯牛病"没有证据显示能传染人"。为了安定人心，当时的英国农业大臣约翰·古墨带着女儿一起上电视直播吃牛肉汉堡，证明牛肉的安全性。

因为英国的畜牧产业规模庞大，特别是牛肉的市场份额很高，疯牛病的传闻已经给畜牧业造成了冲击，所以政府和科学家联起手来，极力平息"谣言"，打消公众吃牛肉的顾虑。

但是事实并不站在政府这边，1993—1994 年，类似疯牛病的人类病例被陆续报告出来，到 1995 年已经有人死于这种疾病。不过他们都被归为"新型克雅氏病"，政府和科学家们认为这是病因未知的罕见病，并不承认它与疯牛病的关联。

验尸官在被确诊为"新型克雅氏病"的人的大脑中发现了朊病毒的沉淀，也即疯牛病的病原。直到 1996 年，英国政府才承认"新型克雅氏病"可能就是疯牛病，终于禁止了相关的牛饲料出售。

我们看到，早在 1988 年，牛饲料就被列为怀疑对象；从 1990 年开始，人类感染疯牛病的风险也已经引起公众的关切；但直到 1996 年英国政府才做出有效的举措。而在此期间，科学家们大多站在英国政府一边，积极打击"谣言"。

疯牛病的境遇并非一个特例。我们可以看到，在各个国家，多多少少都发生过类似的事情。比如公众质疑某农药、化工厂、核电站的安全性，而科学家们总是信誓旦旦地保证安全可靠，直到有害性实在隐瞒不住了，或者发生特别重大的事故后，才开始反省和调查。而在各种事后反省中，科学家经常仍能独善其身，并不承担多少责任，通常人们会把过错归因于管理者或经营者。

科学家也许会说，当时说的"没有证据显示能传染人"是严谨的，因为当时证据确实不足。至于是否有人在隐瞒证据，或者在夸大科学家的言论，这就不是科学家的责任了。正因如此，科学被冠以正确和权威的"荣誉"。似乎科学是正确的代名词，它所具有的客观性意味着能够作为公正的判官终结争论，因而具有绝对权威。

但从公众的视角来看，在当时的语境下，科学家确实是利用自己的权威为政府或企业背书，而且他们确实很有可能与政府和某些企业都有利益关联。不能说出事前大家勾肩搭背，出事后就能把关系撇得一干二净。

对于公众来说，无论是因为科学自身环节出错，还是因为管理层面出错，最终造成的恶果其实都是一样的，由科研错误造成的核泄漏并不会比由管理混乱造成的核泄漏更加温和。

科学从来不是运行在虚空中的东西，一个人也并不会因为成为科学家而突然具备超然的美德。科学家和政治家、资本家一样，都是有好有坏，处在复杂的社会关系中的人。特别是在20世纪之后，科学、技术、政治和资本越来越密切地交织在一起，你中有我，我中有你。正如在民主社会中公众有权利和义务参与政治，同样，公众也应该有权利和义务参与科学。

第四节　应当相信科学，但什么是科学？

认识到科学的社会性、科学家的复杂性，并不意味着贬低或否定科学。科学技术是现代文明的底色，我们当然要相信科学。关键问题是，当我们"相信科学"的时候，我们相信的究竟是什么？是绝对正确的教条，还是权威刻板的指令，抑或是反对权威的批判精神？

理解科学的不同方式，决定了对公众在科学传播中地位的不同理解。科学传播大致经历了三个阶段：传统科普、公众理解科学、有反思的科学传播。[①]

一、传统科普——广播模型

传统上把科学传播等同于"科学普及"，所谓科普，就是把权威的、正确的科学知识向公众传输。此时的科学内容是已知的、确定的。科普所要做的就是将确定的科学内容传输给公众。这种传输是自上而下、自内而外的，可以刻画为"广播模型"。科学家或知识精英占据中心位置，向公众播撒知识，而并不需要考虑公众的意见和需求。科学有其运作模式，具有独立性，此模型强调科学的"权威性"和"神圣性"。在这种模式下，科学家并不需要对公众负责，他们只需要根据研究的目标推进自身的研究，将研究的成果"告诉"公众即可，公众无法参与到科学研究的过程中。

在广播模型下，"相信科学"意味着相信白纸黑字的教条知识。这种科普模式并不总是错误的，针对那些沉淀已久的成熟科学知识，特别是在初等教育期间应当学习的数理知识，自上而下的"灌输"确实是有效的。这一模式忽视了公众的参与和作用，体现了政府和国家的立场。不过，这一广播模型显然不适合于像合成生物学这样的前沿知识领域。首先，在这类快速发展的前沿知识领域，知识大厦并不稳定，科学家内部也存在争议，科学的发展需要公众的广泛参与；其次，

---

① 刘华杰.科学传播的三种模型与三个阶段[J].科普研究，2009(2)：10-18.

虽然科技的发展受到政府的引导,但新兴技术的发展是在"政府—科学家—公众"三方互动协作的过程中得以发展起来的。

二、公众理解科学——缺失模型

到了第二个阶段,更多的人不再把科学理解为单纯的"知识"集合,而是强调纸面知识之外的科学能力,如所谓"科学素养""科学精神"等。科普工作者们意识到单纯灌输客观知识是不够的,还需要循循善诱,培育公众的科学素养。但是在这个"缺失模型"中,公众仍然被理解为"缺失"的一方,即缺乏科学知识、欠缺科学素养。"公众相对于科学家,在科学素养上十分欠缺;公众可能因为不了解科学,而不支持对科学的投入,科普或科学传播的目的就是弥补这种欠缺。"[①]公众往往不具备专业的科学知识、理论基础和科学精神,因而需要更具科学素养的科学家和知识精英来指导、充实。

在缺失模型下,"相信科学"超出了教条知识的范畴,重点是相信科学家和科学方法。这种信任如果针对的是那些经过历史考验并取得广泛共识的经典案例,那么还是合理的;但针对像合成生物学这样的交叉领域则不合理了。一方面,合成生物学非常年轻,尚未形成有足够共识的典范;另一方面,合成生物学向来与政治、商业等领域密切纠缠,科学家的形象具有复杂性和多面性,很难找到纯粹的典范。

三、有反思的科学传播——民主模型

到了第三个阶段,科学家不再显得那么高高在上了。科学被看作一种社会活动,公众参与到科学研究的过程中,同时也指科学家组成的共同体。科学家是扮演特定社会角色的行动者,他们有独特的共识和身份认同,但并没有超然的特权。公众固然有所"缺失",但科学家也并非"完美"。人们意识到,科学家与公众的交流是平等的、双向的、民主的。公众的要求和监督对科学活动也有建设性的意义,甚至应该成为科学活动的内在环节。

在民主模型下,"相信科学"变成了对整个社会机制的信赖。如果说科学研究和技术开发的整个过程都是以民主、透明的方式受到监督和约束的,如果科学知识的生产及其技术转化过程都有完善的复核和纠错机制,那么公众只要认识到整个社会机制的有效性,自然就会"相信科学",而不是相信其他草台班子所兜售的知识。

---

① 刘华杰.科学传播的三种模型与三个阶段[J].科普研究,2009(2):10-18.

遗憾的是，现实中公众对科学很难保持信任，但这经常是情有可原的，因为上述理想中的民主监督和社会机制并不总是足够完善和透明。一旦公信力丧失，强硬的回应方式经常会适得其反。更有效的方式其实是邀请公众参与监督，把知识生产和实验操作的全过程公开透明地呈现出来，当然其中一些涉密环节可以交由公众更信任的第三方进行监督。如此一来，公众的怀疑自然会消减，即便仍然质疑，矛头可能会指向更具体的节点，此时公众的挑剔反而构成对科研体系查漏补缺、进一步完善的激励。

在未来，如何规划和引导公众参与的形式，关乎科技领域的发展。正如合成生物学的健康发展离不开科学传播与公众参与的社会支撑与监督作用，培养公民的制度与程序伦理意识及有份（ownership）参与意识，对增进公众对合成生物学发展与应用的利益风险认知和对科学研究与专家系统的信任具有重要的时代意义。

第五节　科学传播的五角星模型

我们看到，以疯牛病案例为代表，传统的科学传播模式是自上而下线性传输的：政府委托科学家调查，科学家发布权威信息，媒体整理科学家的信息后向公众报道，最后公众只是被动地接收信息（见图 2-1）。

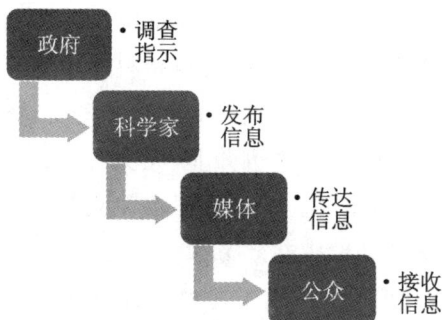

图 2-1　线性的科学传播方式

在线性传播的方式中，有时候包含企业的角色，如在转基因化工厂、核电站等争议问题中，相关企业经常也是公众质疑的对象。但政府、企业和科学家往往互相背书，特别是当企业提供赞助等或明或暗的利益输送时，科学家并不总是能保持独立。

　　糖业巨头对科学界的操纵就是这样一桩公案。直到 2016—2017 年的一些研究,才揭示出从 20 世纪 50 年代开始,美国糖业研究基金会(Suger Research Foundation)就持续通过资助催生有利于糖业的科研结果,同时压制不利于糖业的研究,例如把心脏病、癌症等疾病的元凶定为脂肪而非糖类摄入。[①] 相关的研究成果甚至指导了美国的膳食指南。

　　如图 2-2 所示,在传统的交流模式中,政府、企业和科学家仿佛"三座大山",居高临下地把公众压在最底下,位于上部的政府、企业和科学家之间共同为信息负责,他们决定了信息的内容。而媒体则负责把各方信息单方面传输给公众,公众不能参与信息"制造"的过程,只能被动接收。

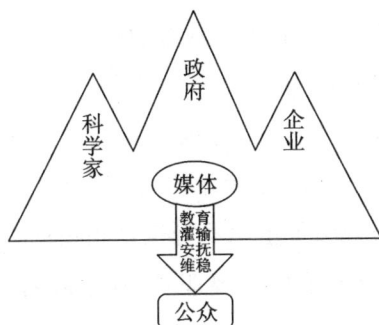

图 2-2　"三座大山"

　　但在科学传播的民主模式中,政府、企业、科学家、媒体和公众构成独立而积极的参与者,其互相制衡和互相支援,形成建设性的交流空间。这意味着任何一方都能参与到信息的产生过程中,我们把这一新模型形容为五角星模型(见图 2-3)。

　　在这一五角星模型中,政府、企业、科学家、媒体和民众各占据一角,彼此制约协作,共同搭建民主的科普类型。在信息场中,每一个"角"单独而言都不是完美的,都有固有的缺陷,例如:公众——往往容易误解,谣言和阴谋论流行;政府——总是偏向维稳,压制可能引起不安的信息;科学家——满口专业术语,脱离日常经验;企业——追逐利润,夸大宣传并掩盖不利信息;媒体——眼球经济,经常哗众取宠。

---

　　① Kearns C E, Dorie A, Glantz S A.Sugar industry sponsorship of germ-free rodent studies linking sucrose to hyperlipidemia and cancer: An historical analysis of internal documents[J]. PLoS Biology, 2017, 15 (11): e2003460.

图 2-3　科学传播方式的五角星模型

但公众、政府、科学家、企业和媒体具有的特点与其说是"缺陷"，不如说是各个角色的固有特色，是相应社会角色的积极成分。

公众中间之所以容易滋生谣言，是因为公众对于切身利益更为敏感。其他社会角色往往更关心科学技术的正面效应，但公众对于负面效应的溢出最为敏感，谣言是过度敏感的副产品，但敏感本身也是积极的力量。政府总是倾向于维稳，因为维持社会稳定正是政府的主要职责，如果政府总是唯恐天下不乱，那就完了。科学家之所以"不接地气"，因为他们通常需要专注于高深学问之中，两耳不闻窗外事。企业家追逐利润更是理所当然，在自由的市场环境中，企业就该是以营利为旨归的，这才能不断激发市场活力，推动经济发展。媒体当然也总该吸引眼球，如果媒体传达的信息缺乏吸引力，一方面媒体本身活不下去，另一方面也不利于把复杂和专业的信息转译为公众容易接收的通俗形态。

文学家、史学家、哲学家、法学家等人文知识分子在交流场中没有特定的位置，但每一个个体都可以从任何一个角度参与。例如，知识分子可以帮助公众发声，剔除极端化和阴谋论，表达公众的核心诉求；可以帮助解读法律、法规和政府政策，但应以更中立的态度进行批判性分析；可以协助科学家写作科普读物、科学史、科学家传记等通俗文本，转译专业知识；可以为企业提供顾问和监督；甚至可以为媒体提供优质的稿件；等等。

社会中的每一个角色都不是完全中立的，他们都有各自的倾向和特色，这一点本身不是坏事。但这些角色又不是完全固定的，而是随着情景的变化发挥不同的作用。正是这些具有相对稳定特征的角色之间的互动协作，才推动建立更加完善的科普模式。拉图尔曾强调，科学是被社会"制造"出来的，我们都在参与科学的建构过程。科学从来都不是事实的代名词,等待我们接受,而是社会中的公众共同"制造"出来的。① 因而,社会中不同角色都在参与科学"事实"的建构,他们之间的交流有助于科学的建构。当然,过度的偏见是有害的,这就需要不同的社会角色之间互相制衡和互相促进。一个健康的社会并不意味着每一个成员都绝对理性和中立,而总是存在多样化的立场和偏见,但针对这些差异,各成员之间能够以尽可能和平和相互尊重的方式保持交流,达到动态平衡。

　　总之,科学技术的健康发展离不开科学传播与公众参与的社会支撑与监督作用,因此调查研究科学传播的途径以及公众对科技的认知与态度,培养公民的制度意识、参与意识和程序伦理意识,有助于科技的平稳发展和落地。此外,我们对科技带来伦理问题的讨论,将为制定科技政策提供智力支持,推动伦理规范和政策框架体系的形成与完善。

---

　　① 布鲁诺·拉图尔,史蒂夫·伍尔加. 实验室生活:科学事实的建构过程[M]. 张伯霖,刁小英,译. 北京:东方出版社,2004.

第三章
优生学之鉴

优生学作为一门研究人类遗传改良的学科，力图通过有选择的生育手段来提升人类遗传的质量和品质。这一学科积极探索基因、环境和选择之间的复杂关系。优生学的核心意图在于通过识别和选择具有"优秀"遗传特质的个体进行生育，以减少或消除"不良"遗传特质的传播，从而提升人类的整体健康水平。然而，优生学在其发展过程中，也引发了诸多争议和伦理问题，"纳粹"更是将优生学理念推向极端，产生了深远的负面影响。随着基因编辑和合成生物学的发展，优生学的理念在某种新的形式下被重新关注。如何促进基因编辑技术和合成生物学的发展，需要以史为鉴，妥善应对争议，更加谨慎和全面。本章对优生学的历史发展以及引发的伦理议题进行反思，有助于我们更加谨慎地对待新技术的应用，从而为当下生命科学的发展提供借鉴。

第一节 进化论的"兄弟"

生命科学引发的伦理争议由来已久，早在 20 世纪上半叶，优生学就产生了广泛影响，后来不幸与纳粹"大屠杀"联系起来。因为纳粹的倒行逆施，优生学也随之臭名昭著，迅速被抛弃。但事实上，优生学的得失并没有得到充分检讨。而随着生物科技的进一步发展，优生学的许多理想似乎有了新的实现方式，新优生学再次兴起，许多议题仍然有待重新审视。

合成生物学带来了新的伦理问题，但也有许多问题是能够以史为鉴的，所以我们先从优生学说起，梳理生命科学史上的若干争议问题。

在 20 世纪上半叶前期，优生学还没有变得臭名昭著，虽然也有许多争议，但总体来说是一门严肃的学科，被理解为生物学的社会应用，或者说是一门新兴的社会学科。优生学的目的在于改良人类的基因组成,通过科学方法优化人类后代遗传特征。

直到 1946 年,著名的经济学家凯恩斯,在去世前仍然力挺优生学,他说把优生学评价为"最重要、最有意义的,真正名副其实的社会学分支"。凯恩斯曾在 1937—1944 年间担任英国优生学协会的主席,当时,纳粹的暴行已经开始,但优生学仍然受到许多名流和学者的支持。直到 20 世纪下半叶,一方面随着对纳粹的审判和批判,另一方面随着平权运动的兴起,优生学才逐渐淡出。

往前追溯,优生学可以说是进化论的"兄弟"学科,事实上,这一学科的奠基人正是达尔文的表弟——弗朗西斯・高尔顿。高尔顿受到达尔文的自然选择理论的启发,认为遗传影响人的才能,而通过有意识选择"高质量"的伴侣生育后代,能够孕育出高才能的后代,逐渐"优化"人类种族。

高尔顿是孟德尔的同龄人,在孟德尔的工作被重新发现之前,高尔顿的著作就已经广为人知。在 1883 年出版的《人类才能及其发展的研究》中,高尔顿就提出优生学的概念。

高尔顿在 1904 年发表公开演讲,把优生学的意义提升到民族和国家兴亡的高度。他认为,我们应该抱着优生学的目的择偶,"优生学的力量能够带领社会群体走向辉煌","自然界盲目、缓慢、毫不留情的作为,人类可以有远虑地改良我们的血统,这是我们能够合理尝试的最高目标"。[①] 甚至,应该把优生学"当成某种新型宗教引入国民意识中"。

不过优生学的"出圈"还是在 20 世纪,丘吉尔、柯立芝、罗斯福等政治家,剧作家萧伯纳,科幻作家威尔逊,哲学家罗素等大名鼎鼎的社会名流相继(或多或少地)支持优生学。老罗斯福总统曾说:"社会没有义务允许堕落者繁衍后代。有朝一日我们会意识到,正确类型的好公民主要的和不可避免的责任,是把他的血统遗留在人间。"

当然,优生学一开始就遭到了质疑,例如有人反驳说:牛顿是早产儿,从小体弱多病;达尔文深受抑郁困扰,怪病缠身。可见,身体健康未必是造福人类的必要条件。但优生学的支持者不为所动,在他们看来,提升社会整体的健康水平当然是毫无疑问的好事,具体如何设置衡量和优化尺度恰恰是优生学这门学科内部的课题。

优生学主张通过社会工程来改善人口质量,具体的策略分为积极优生学与

---

① Galton F. Essays in Eugenics[M]. London: The Eugenics Education Society, 1909.

消极优生学两类。前者相对温和,主张以社会福利等方式鼓励"优质"的人口更多繁育后代;而后者更加激进,主张对"劣质"人口施行绝育,阻止"劣等"基因繁殖。高尔顿本人主张积极优生学,但也并未彻底否定消极优生学。

在高尔顿之后,优生学逐渐建制化,成为一门显学。1907 年,英国优生学教育协会成立;1912 年,第一届国际优生学大会在英国伦敦举办,第二、三届大会分别在1921 年和 1932 年于美国纽约举办。在第二次世界大战(简称二战)之后不再召开。

首届优生学大会由达尔文之子伦纳德·达尔文主持,丘吉尔等各国名流参加。参加大会的某些德国学者在会上提出了"种族卫生"理论,制订了"种族清洗"的计划。他们打着提高社会整体素质的名义,对所谓的"劣等群体"进行强制绝育,甚至赶尽杀绝。

但某些德国人野心勃勃的种族清洗计划还不是最受争议的,美国人的发言更为惊世骇俗。早在 1910 年,美国动物学家查尔斯·达文波特就建立了专注于优生学的研究中心与实验室,开始建立隔离中心,达文波特的学生在大会上自豪地宣布他们已经开展了成千上万次绝育手术,阻止不健全的生育。随后,他们很快向全美国推广,目标是阻止"总人口 1/10 的劣等血统"繁衍后代。所谓劣等血统或缺陷人种包括盲人、聋哑人、侏儒等残疾人,以及精神分裂症、躁郁症等精神异常者,还包括各种罪犯。达文波特的工作不仅受到种族主义者和狂热者的支持,还得到美国卡内基研究所、联合太平洋铁路大亨哈里曼的遗孀和继承人以及小约翰·洛克菲勒的资助。[①] 他们集体致力于优生学的目标。

优生学在 20 世纪 20—30 年代达到高潮,其他许多国家的学者们虽然没有那些德国和美国学者那样"激进",但也积极引入优生学,实施优生政策。法国、比利时、巴西、加拿大、日本、瑞典等国都在后续几年内陆续跟进,设立了优生学相关的学会组织,乃至绝育机构。

第二节　美国和德国的优生学

美国是最早系统性、体制性地推广优生学的国家。早在 1907 年,印第安纳州就颁布了第一部强制绝育法,对贫困人群、罪犯、智力障碍者以及精神病人强

---

① 迈克尔·桑德尔. 反对完美:科技与人性的正义之战[M]. 黄慧慧,译. 北京:中信出版社,2013.

制绝育,不过该法案并不完善。1924年,弗吉尼亚州颁布了类似的法案,并且更加严密。

1927年,标志性的"巴克诉贝尔案"被上诉至美国最高法院,最终以8:1的票数判定弗吉尼亚州为智力障碍者绝育的措施合法。在判词中,法官把强制绝育与强制疫苗相提并论,强调为国民整体利益而采取的强制措施是值得的。他说道:"与其坐等这些弱智者的后代犯罪并接受极刑,或者是任由他们因为饥饿而死,倒不如阻止那些劣等人生育后代,而这种做法在世界范围内均可益国利民。目前推行强制接种疫苗取得的成效足以说明切除输卵管的重要性。"①

这一判决让美国各州的"优生"计划再无顾忌,争相效仿,最终有32个州实施了类似法律,赋予政府对劣质人口强制绝育的权力,包括智力障碍者、残疾人、罪犯等,甚至一些穷人(被认为遗传不佳而贫穷)、新移民和少数族裔也被强制绝育。

其中,加利福尼亚州的绝育工程最为系统化,甚至可以用"工业化"来形容。这些"美国经验"也向外输出,特别是德国人都要来加利福尼亚州"取经"。美国的洛克菲勒基金会也积极支持德国的"优生"运动。

美国的"优生学"运动在第二次世界大战后偃旗息鼓,但并未彻底中止,直到20世纪80年代才销声匿迹。

美国"优生学"宣传栏上的标语是"一些人生来就是其他人的负担"。类似的话术在德国也同样流行,在图3-1所示的海报中,宣传者告诉公众照料一个残疾人的一生需要消耗的财富,而这些财富本来属于全体公众。

图 3-1 德国"优生学"海报

① 悉达多·穆克吉. 基因传:众生之源[M]. 马向涛,译. 北京:中信出版社,2018.

　　我们看到,德国很早就发展出"种族卫生"思想,不过把种族清洗变成系统的社会工程,是在"纳粹"上台之后才真正实现的。

　　据说,希特勒在1924年被监禁期间接触到了"种族卫生"的思想,盛赞斯巴达人的弃婴制度——相传斯巴达人会让长老检查每个新生儿的身体状况,并抛弃那些不健康的婴儿。希特勒在监禁期间写了《我的奋斗》第一部分。这本书是希特勒的自传,包含了他的世界观,是一本纲领性的宣传文件。他在书中阐释了对优生学的看法,他认为阻止有缺陷的人生育同样有缺陷的后代是一件有充分理由的事情。"如果系统性地执行这一想法,能表现出人类最人道的行为,会省去数以百万计不该受的苦难,能够带来健康的总体改善。"[①]

　　当然,希特勒也接受了当时广为流行的社会达尔文主义。"社会达尔文主义"是后来的命名,在当时都被叫作"达尔文主义"或"进化论"。

　　纳粹上台之后向美国学习绝育制度和技术,在德国推行"优生"体制。在1933年,德国通过立法为"危险罪犯"绝育,包括异见人士。1935年,德国禁止犹太人和雅利安人通婚。

　　到了1939年,纳粹模仿了斯巴达人的弃婴制度并迅速"超越",把"优生"从预先绝育扩展到杀婴。他们开展了对"没有生存价值的生命"执行安乐死的计划,最初的执行对象主要是有缺陷的婴儿,但在当年就很快扩展到少年,最后成年人也成为执行安乐死的目标。1939年9月1日,纳粹德国侵略波兰,拉开了二战的序幕,此后以优生学的名义展开的"种族清洗"愈发肆无忌惮。

　　骇人听闻的"大屠杀"一般认为从1941年开始陆续进行,在纳粹的种族理论指导下,优生学与种族灭绝相结合。在某种意义上,可以把"大屠杀"视为优生学名义下"种族卫生""种族清洗"计划的延续。纳粹政府利用优生学理论,将对犹太人和其他"劣等"族群的迫害和屠杀看作是为了人类整体质量提升做出的合理化举措。

第三节　社会达尔文主义不是达尔文主义

　　"大屠杀"当然罪恶滔天,但是从优生学到"大屠杀",究竟是从哪一步开始错

---

① 迈克尔·桑德尔. 反对完美:科技与人性的正义之战[M]. 黄慧慧,译. 北京:中信出版社,2013.

了呢？是优生学从根子上就错了，还是说消极优生学错了，或者是把"优化"扩展到儿童或成年人错了？

阿伦特、鲍曼等学者对纳粹"大屠杀"有过深刻反思，他们认为纳粹的"大屠杀"有别于人类历史上的其他大规模屠杀事件，要害在于，纳粹"大屠杀"并不是以一种明显野蛮、残暴的形式发生的，而是一种"现代性"的独特产物，以科学和理性的形态发生。① 也就是说，"大屠杀"并不是一个领导者的错误决定，也不是感性的产物。恰恰相反，"大屠杀"的发生是所谓"最先进"科学和"理性"良好运行的结果。

但是，如果说优生学提供了"大屠杀"的"科学"内核，这当然是对生物科学的误解与扭曲。

直到今天，达尔文主义进化论仍然经常被误用，特别是当我们听到某些人在高谈阔论诸如"优胜劣汰""弱肉强食""丛林法则"之类的概念时，几乎可以百分之百断定他们是在误用进化论。

"适者生存"这个概念比"优胜劣汰"准确一些，但同样容易被误解，关键在于评判优劣或适应的尺度是什么。达尔文对进化论的最大贡献恰恰是他通过"自然选择"理论，打破了神创论的单一尺度。

神创论者并非不可能接受生物进化的思想，但他们会认为所谓的进化遵循神的目的，神的意图确定了进化的方向。达尔文强调的适应指的是适应环境，适应环境就适合生存，而这里的环境是包括其他物种在内的动态环境。因而，"适者生存"不是物种之间相互残杀，留下最强的生存，而是能够根据周围环境变化不断适应。生物的进化并没有预先的目的和神的旨意，有的只是根据周围环境的状态不断调整适应环境的进化方向。

而许多人误解了达尔文进化论，他们虽然也不相信神创论，但实质上比神创论者走得更远。他们自己代替了神的位置，认为他们自己的某些评判标尺确定了进化的方向。

信奉"优胜劣汰"的误解者们没有深入反省"优劣"的标准，或者说用他们自己设计的一套标准来衡量优劣。例如，他们认定强壮者更优，畸形者更劣，等等。

但生物进化的事实早已否定了这类标尺——如果说得遗传疾病的人群是更"劣"的，那么为什么遗传病在漫长的人类进化史中没有被淘汰呢？如果矮小的

---

① 齐格蒙特·鲍曼.现代性与大屠杀[M].杨渝东，史建华，译.南京：译林出版社，2011.

种群是不适者,为什么他们始终能够繁衍生息呢?

如果"适者生存"的意思是"强者生存",那么我们应该看到狮子生存、绵羊淘汰,但自然界显然不是这样的。许多人津津乐道的"丛林法则"更是一个反例:在丛林(热带雨林)中,狮子、老虎等大型猛兽没有栖身之地,而豹子之类能够生存在丛林中的食肉猛兽,其丛林种群相比草原上的种群的体形更小。所以现实世界中的"丛林法则"恰恰是削弱强者的。

关键是,自然界的强弱优劣都是相对的,所谓"适者"指的是适应"环境",而环境本身是由无数生物构建起来的动态平衡系统。按照达尔文的原话,适应发生在"与别的生物和与外界环境的无限复杂的关系中",也就是说,并不存在一个单一的尺度,每一个物种都有它自己的复杂环境,在相应的环境中,老虎和蠕虫都是最适者。

适应的对象是环境,而环境包含了无数其他生物的存在,与其说"适应",毋宁说是"合群",进化论既包含残酷竞争,也包含合作共生。所以援引进化论来为人类世界中的残酷竞争提供合理性是错误的,因为自然界和人类社会中形成的各种互助关系同样是适应环境的表现。

在自然界,只有当两个物种的"生态位"完全重叠时,它们才形成你死我活的竞争关系,即所谓"一山不容二虎",但多样的环境可以有多样的猛兽生存。社会达尔文主义的信徒之所以信奉"优胜劣汰",或许也是由于他们单向度的思维方式,即把整个人类文明视作一个单调的生态位,所有人在一个均匀同质的"生存空间"中竞争。这种单向度思维有时被称作"工具理性主义",这是所谓"优生学"和"大屠杀"的共同思想根源。

第四节　现代性与"大屠杀"

"工具理性主义"正是现代性的产物。鲍曼的《现代性与大屠杀》一书揭示出,纳粹"大屠杀"是现代性本身固有的可能性。资本主义社会一方面能够推动进步、提升效率,推动社会朝向美好的一面发展;另一方面也具有潜在的危险,具有破坏性的一面。这两方面就像硬币的两个面,同时存在于资本主义社会中,是其一直具有的品质,在不同的时间和环境下,能够显示出不同的面向。各种社会问题、环境危机以及极端气候并不是资本主义社会运行过程中的"毒瘤",不是正常社会的偏差,而是资本主义社会运行的正常结果。"大屠杀"同样也是由资本主义社会正常运行下的不同因素碰撞所产生的,这些因素并未消失,依旧存在并且还在高效率地被采纳。因而,资本主义社会所产生的问题不是社会的反常和对立面,而是"理性"高效运转的结果。"正是由于工具理性精神以及将它制度化的现代官僚形式,才使得大屠杀之类的解决方案不仅有了可能,而且格外'合理'。"①

这的确是一个"现代性"的问题,是现代科技和工业昌盛的副产品。古代人运用技术时,直接的作用对象往往离自己不远,行动者很容易区分用锤子击打钉子与用锤子击打另一个人的脑袋之间的差别。然而现代技术形成一个巨大的系统,每一个人在技术系统面前都是渺小的螺丝钉,他们只负责流水线上的一小块清晰明确的事务,他们只需等待早已预定好的事物以早已预定好的方式来到自己面前,然后做出预定的动作。整个技术系统下秩序井然,不存在任何模糊暧昧之处。

对于这种情况,马尔库塞在《大社会中的个人》中早已预见。随着机器的发展,个人的生活被机器从上面统一规划和安排,将所有人的生活编排在一起。"个人生活在服从于一种机构的社会中,这个机构逐渐扩大它的权力,从生产、分配和消费,从物质到精神生活,工作和休闲,政治和娱乐,它决定了个人的日常生活,需要和欲望。"②海德格尔对此也进行了批评。他认为,现代技术的本质就是"座架","座架"将所有东西都摆好位置。现代事物都是资源,包括人,都有其效用。"座架"调控着人与自然,对人和自然进行"促逼",从而使得人和自然被"促逼"和"摆置"。

但是最终究竟是谁为结果负责呢?一套工厂流水线也许还能找到其法人代表,但整个现代技术系统往往找不到那个总负责人。现代系统运转之后产生的副产品——环境危机、对人的剥削、贫富分化等问题却最终由每个个体买单。

流水线上的无数中间环节遮挡了工人的视线,让他们不能直接面对最终的结果,但他们是否就完全没有责任?事实上,他们的过错不在于选择了错误的行为,而在于"不选择",不反思,他们把真理委托给现成的秩序,不关心无法一目了然的"边缘",不在意自己控制之外的事情,因而他们可以在"大屠杀"之后回避自己的责任,因为他们本来就没有在完成预定工作之外承担过什么责任。阿伦特

---

① 齐格蒙特·鲍曼.现代性与大屠杀[M].杨渝东,史建华,译.南京:译林出版社,2011.
② Marcuse H, Kellner D. The individual in the great society[M]// Towards a Critical Theory of Society. London: Routledge, 2013: 61-80.

把这一现象称作"平庸之恶"，他们因为甘于平庸，以"自己只是普普通通一颗螺丝钉"来消解自己的责任，但这种逃避同样也是一种罪恶。[①]

第五节　优生学留下的问题

"大屠杀"的悲剧早已落下帷幕，但"大屠杀"的逻辑并未得到破解。人们简单地把"大屠杀"的错误引向"种族歧视"，试图用"平等"来杜绝悲剧——既然否定了好草与杂草的区别，那么根除杂草的工作自然也就不再成立了。

生物科技提供了一些反驳种族歧视的证据。例如，通过基因层面的分析，生物学家证明了种族优劣是不存在的，因为"种族"本身似乎不存在。例如，某两个"黑人"之间的基因差异，很可能比某一个"黑人"和一个"白人"之间的差异更大。无论是"黑人""白人"这样的概念，还是"雅利安人"之类的概念，都没有生物学上的基础。

这还是简单粗暴的"人人平等"思路。但问题是，假设还是有明显的杂草存在，又该如何呢？比如说，假如我们真的发现显著的证据，确定某类人群天生就是更蠢、更坏或更会捣乱，那么又将怎样对待他们呢？

当代人或许不会考虑这样"政治不正确"的问题，但是他们毕竟没有真正解决这一问题，而只是单纯地采取了回避。

随着生物科技的进一步发展，这些被回避的问题重新出现了。比如说，如果一些基因型比另一些基因型更优秀，我们可以歧视那些带着劣等基因的人吗？或者强制对他们进行改造吗？白人或黑人作为总体，其平均状态固然不可能表现出特别的反社会特征，但如果说通过基因分析更加细致地划分人群，我们的确可能找到某些"天生就更反社会"的人群。那么，我们应当怎样看待他们？如果一个家庭明知道带有所谓"反社会基因"，却又不接受基因定制，他们应该被歧视吗？

实际上，随着基因编辑和合成生物学的发展，优生学带来的问题有新的呈现方式。如前面阐释的，导致"大屠杀"出现的正是现代社会的理性和工具主义的想法，这些因素依旧存在，并未消失。而基因编辑带来的是更深层的对基因的改造和探索，合成生物学更能够按照人类"需求"创造新的生命。"这是否会进一步

---

① 汉娜·阿伦特. 人的境况[M]. 2版. 王寅丽, 译. 上海：上海人民出版社, 2021.

扩大歧视和不平等？""如何对基因进行操作？依据何在？"等问题是我们要关注的重要问题。这要求科学家和政策制定者更加关注技术带来的伦理考量，谨慎操作，以防重蹈历史覆辙。

基因编辑技术的开创者之一杜德娜也意识到"新优生学"的可能危机，她问道："基因编辑技术是否会不经意间扩大社会不公或先天的'基因不平等'，或是引发新的'优生学'运动？我们要面对什么后果？需要做哪些准备？"①

对上述问题，我们将在后面围绕"基因编辑"技术继续展开讨论。

---

① 珍妮佛·杜德娜，塞缪尔·斯滕伯格. 破天机：基因编辑的惊人力量[M]. 傅贺，译. 长沙：湖南科学技术出版社，2020.

第四章
转基因及其争议

　　转基因作为现代农业和生物科学的重要突破,其所面临的伦理困境和抉择给合成生物学发展带来借鉴。合成生物学所引发的伦理问题,不全是新的。有诸多伦理讨论早在优生学和转基因发展过程中就存在。本章通过对转基因的发展、转基因的商业化以及孟山都公司对转基因技术的推动、转基因监管中的概念"实质等同"、转基因的量产和多样性问题的探讨,呈现其带来的利益和挑战,从而为进一步探讨合成生物学的发展带来启发。

第一节　什么是转基因

　　转基因即基因改造或基因工程,是通过人工手段将基因片段改造后转移到另一种生物体基因组中,赋予该生物新的特性或功能。转基因技术能为人类带来许多益处,但也存在安全性、生态风险以及伦理问题。因而,转基因一直都处在生物科技与公众舆论的风口浪尖,但这个概念本身始终暧昧不明。

　　转基因生物是"基因改造过的生物"(genetically modified organisms,GMO),即通过转基因技术改变基因组构成的生物。转基因生物包括转基因植物、转基因动物和转基因微生物。这个概念经常被定义得过于宽泛。正如杜德娜所说:"美国农业部对转基因技术的定义是'为了特殊用途而对动植物进行可遗传的改良,无论是通过基因工程还是其他传统方法'。这个宽泛的定义囊括了最新的基因编辑技术,以及传统的突变育种技术。事实上,按照这个定义,我们吃的几乎所有食物,除了野生蘑菇、野生草莓和野生动物,都可以说是来自于转基因生物。"①

① 珍妮佛·杜德娜,塞缪尔·斯滕伯格.破天机:基因编辑的惊人力量[M].傅贺,译.长沙:湖南科学技术出版社,2020.

之所以定义得如此宽泛，可能是在和许多转基因支持者的话术打配合，他们宣称转基因和传统育种方法是"等同"的，转基因和传统育种方法都是通过有意识的筛查和选择来改善生物体的特性，民众应该像接受传统作物育种方法一样接受转基因作物。

但这一话术似乎并不管用，始终有许多民众对转基因食品疑虑重重。他们认为，转基因农作物并不"自然"，会对人类健康和环境造成威胁。此外，土地联盟作为倡导"有机"方式进行农业生产的组织，对转基因作物表示强烈反对。[①] 他们认为，将抗除草剂的转基因作物种植在土地上，反而会传播到野草中，助长更多抗除草剂的野草，对环境造成影响；转基因作物并不会助益普通农民，反而可能成为大型农业公司进一步垄断的助手；甚至，转基因作物会危害人类健康。而到了基因编辑技术以及合成生物学兴起之后，许多生物学家又反过来试图收窄"转基因"的定义，从而把基因编辑技术与转基因技术区分开来，以摆脱转基因的不良公众形象。

GMO 有多种技术方法改变某一物种的基因，包括引入同源物种的基因、敲除特定基因等，其中最典型和最受争议的技术方法是 transgenic，也可以叫作"转基因"。这种狭义上的转基因技术特指跨物种转入基因，例如把细菌或昆虫中的基因转到植物中，把人的基因转到小鼠中，等等。这类技术显然最受争议。首先，这种物种杂合听起来就有些可怕；其次，从客观上说，这类基因交换打破不同物种之间天然的交配方式，实现物种间的基因转移，从而获得新的基因形状。这确实是远远超出了传统作物育种方法可能产生的结果。

实现基因片段的转入，可以用许多技术手段，包括电穿孔、基因枪、显微注射、农杆菌介导等，在这个意义上，基因编辑技术 CRISPR 也可以被视作一种转基因技术。但基因编辑技术确实与传统转基因技术不同，因为 CRISPR 有可能做到"无痕"植入基因，即人为加入的基因片段可以做到非常精准，以至于在基因片段中不再留有其原始物种的痕迹，看起来就像是写入了一段中性的"编码"。所以说传统转基因技术是从另一个物种中提取基因片段并转入相关物种之内，而基因编辑则是直接对相关物种的基因进行重新编码。虽然这一编码过程可能还参考了另一个物种的基因，但原则上整个过程并不强制另一个物种的参与。

因此，根据定义宽窄的不同，我们既可以把基因编辑看作转基因技术的升级版，也可以看作两种不同的概念。笔者倾向于根据科学史的实际进展，把转基因

① 参见 https://www.soilassociation.org/causes-campaigns/stop-genetic-modification/。

与基因编辑视作两种技术,但这也并不表示基因编辑之后的生物技术可以自动豁免于转基因所受的种种争议。

那么,合成生物学和转基因或基因编辑又是什么关系呢？首先,从广义上讲,合成生物学是一门以人工合成生命体为目标的交叉学科,基因编辑可以是其手段之一。从狭义上讲,转基因、基因编辑和合成生物学都是在做基因工程,但之前的工程侧重于对基因片段进行微调,而合成生物学更侧重于从整体上构建生命,必须是一种系统工程而不是局部的修改。

第二节　转基因的商业化

1973 年,科学家通过酶重组 DNA 并在活细菌中实现,这标志着转基因的开始,也标志着"基因工程"的开始。同样在 1973 年,实现转基因操作的科学家自发暂停相关技术研究,因为他们感觉到这类技术如果不受控制,可能会引发难以预料的后果,所以科学家们建议召开国际会议讨论相关风险。

相关的国际会议陆续召开,全球的生物学家以及许多伦理学家、法律学者都各抒己见。最具决定性的大会是 1975 年召开的阿西洛马会议。会议上分歧严重,但还是取得了一定共识,如建立风险分级制和实验室安全规范等。现在的生物安全实验室分级体系等行业规范也源于当时科学家们的自律。

争议和分歧并没有影响或阻碍转基因技术的推广。1974 年,第一个转基因动物(老鼠)问世了；到了 1976 年,基因科技已经迈入商业化的进程。标志性的基因泰克公司在 1976 年成立,主要产品是基因工程制造的生长抑素和生长激素。

转基因技术很快用于改良各种农产品,许多试验不再局限于被高度控制的实验室,而是在田间进行。因此,无论转基因产品是否上市,转基因生物都有可能流入外部环境,从而影响生态系统。1982 年,经合组织(OECD)发表报告,认为须注意转基因生物向环境释放的潜在危害。

1987 年,已经有田间试验的转基因生物向环境释放。同年,某项田间试验遭抗议者冲击破坏。

20 世纪 90 年代,多项转基因农产品上市销售。1994 年,第一种商业种植的转基因食品获得消费许可,在美国上市,这是一种番茄,叫作"flavr savr",通过转基因延长了保质期。

　　1996 年,孟山都公司发布了第一批转基因农作物,首批转基因大豆和玉米进入市场,走向全球。此后孟山都公司成为最重要的转基因作物销售巨头。

　　民众对转基因的疑虑始终存在(见图 4-1),1997 年,欧盟要求转基因制品贴上标签;从 2013 年起,美国若干个州要求贴标签。

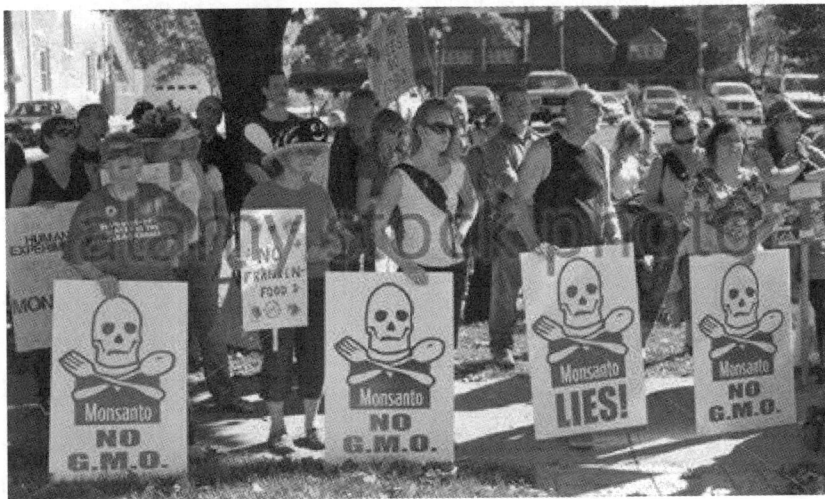

图 4-1　民众对转基因食物的抗议

　　转基因生物有广泛的应用场景。转基因动物的应用广泛,包括用于动物实验的定制动物(如易患癌小鼠、帕金森猕猴、荧光艾滋猫),这些转基因动物在进行表型研究和药物测试中发挥重要作用;医疗用途的动物(如含药奶羊、器官移植猪),这些转基因动物在治疗疾病的过程中发挥重要作用。"通过改变动物基因组构成,或插入特定 DNA,可以用于开发用于医药治疗的蛋白。羊、猪、鼠等许多动物都被用来表达人类蛋白,如利用绵羊表达人 α1 抗胰蛋白酶……"[①]此外,还有便于养殖或提升肉质的牲畜(如无角奶牛、瘦肉猪)、海产品(如三文鱼、罗非鱼中的转基因品种)、宠物(如荧光斑马鱼);用于生态改造的动物如抗疟疾蚊子、不育蚊子等。

　　在农业领域,转基因动物如抗病的转基因鱼,已被开发用于提高水产养殖的效率和产量。

　　在植物方面,也有转基因观赏植物,如蓝色的玫瑰;当然,主要的还是转基因

---

① 农业部农业转基因生物安全管理办公室,中国农业科学院生物技术研究所,中国农业生物技术学会.转基因 30 年实践[M].北京:中国农业科学技术出版社,2012.

农作物。转基因农作物有诸多有利性状，如耐除草剂、抗虫害、抗病毒、耐干旱、增加保质期、增加特定营养成分等。这些转基因农作物能够提高产量，帮助发展中国家农户增收，缓解全球的粮食危机。"2011 年，全球 29 个国家约有 16700 万农户种植了 1.6 亿公顷转基因作物，其中 90％的农户是发展中国家那些资源匮乏的农户，其中在中国的 700 万农户和印度的 700 万农户种植了转基因作物，其中绝大部分为转基因抗虫棉。此外，还有约 1000 万资源短缺的小农从转基因抗虫棉种植中间接受益。"①

转基因微生物在工业生产中被用于生产酶、乙醇和生物燃料，能够提升工业原料的利用效率，降解环境中有机污染物，减少能源消耗和环境污染。此外，转基因细菌能够生产用于治疗糖尿病的人胰岛素等，帮助人类治疗疾病。

和民众的争议有所不同，科学界对转基因产品的安全性还是比较有共识的。生物学家通常认为目前获批的转基因作物构成的风险并不比传统作物更大。当然，科学家也同意新上市的转基因作物始终需要通过严格测试以保证安全。

对转基因技术的分析显示，转基因作物能够在满足人类所需营养的过程中提高产量，对农业经济总体而言产生积极影响，但也存在地域不平衡的现象。

尽管我们可以大体上相信转基因产品的安全性，但相关的争议并非毫无可取之处。民众和科学家对转基因的不同认识，更是体现了上文所说的科学传播的问题。民众没有参与到科学中去，因而对其过程和后果并不知晓，这在一定程度上造成了民众对转基因的不理解。事实上，过于轻率地打发民众的疑虑，是转基因在舆论场上陷入窘境的原因之一。下面具体讨论转基因相关争议的焦点问题。

第三节　实质等同原则

上文提到，为转基因产品辩护的主要话术是宣称它们与传统育种的作物"等同"，准确地说叫作"实质等同"（substantial equivalence）。"实质等同"是评估转

---

① 农业部农业转基因生物安全管理办公室，中国农业科学院生物技术研究所，中国农业生物技术学会. 转基因 30 年实践[M]. 北京：中国农业科学技术出版社，2012.

基因食品安全性的核心概念。它的含义在于将转基因食品与传统农业的天然食品进行比较，查看二者的营养成分和安全性等特征，认为转基因食品与天然食品特征基本相同或者"实质等同"。"实质等同"原则的大致思路在 2000 年联合国粮农组织和世卫组织联席会议上被提出。而这个词组是在 1993 年由经合组织正式提出，1996 年世卫组织与联合国粮农组织正式采用了这一概念。

　　"实质等同"的概念借鉴于新医疗器械的审批制度，在这个意义上，"实质等同原则"早在 1976 年就被美国食品药品监督管理局（FDA）采用了。简单来说，一项医疗器械如果只是相对于已有器械做了一些细微的改良或修饰，而在实质功能和原理方面并无变化，那就可以被认作"实质等同"，从而不需要重复进行烦琐的安全性审批。

　　在转基因领域，如果一种新食物与传统上长期食用的食物"实质等同"，意味着转基因食物与传统食物在营养价值、基本成分、外观和味道上并无明显差异，它们在这些方面是相同的。因而，转基因食物被认为是安全的，没有额外的风险。这一原则提供了一种评估食品安全性的简便方法，但这一说法值得质疑。消费者联盟的专家迈克尔·汉森认为，"实质等同原则"是一个托词，它并无任何科学证据，凭空被造出来是为了避免转基因生物被看作食品添加剂，而这些生物公司则可以逃避《联邦食品、药品和化妆品法案》所要求的毒品检测以及产品标识。[①]

　　"实质等同"的转基因食物未必绝对安全，这是因为传统的食物也未必绝对安全。传统食物的成分非常复杂，也包含毒素（大部分可被烹饪过程消除），它们往往没有经过充分检查，但被公认为安全（GRAS）。

　　即便是与传统食物有所不同的新产品，"实质等同原则"也可以用于加快安全检验，方法是检测新食物含有的蛋白质和代谢物质，凡是在传统食物中同样存在的，便无须额外分析，仅需对新食物中额外含有的蛋白质或各种化合物进行毒理学和营养学分析。

　　"实质等同原则"作为操作规范是有效的，但它远非无懈可击。

　　首先，它把核准上市的裁决权留给了实验室里的科学家，而"政府—企业—科学家"的联盟并不总是让人信赖的。前面说过，疯牛病的牛肉也曾被鉴定为无害，DDT（滴滴涕）也曾被认为安全，转基因产业涉及的利益太大，很难保证这次

---

　　① 玛丽-莫尼克·罗宾. 孟山都眼中的世界：转基因神话及其破产[M]. 吴燕，译. 上海：上海交通大学出版社，2013.

科学家们不会犯错。

其次，实验室的检测受限于技术精度。从直观上说，既然一种抗虫害转基因作物虫子不吃，那说明虫子都"看"得出它和原物种"不等同"；如果检测不出来，则只能说明检测手段不够。也就是说，现有的检测手段也许无法检测出转基因食品中微小的、具有潜在危险的成分差异，这需要长期观察得出结论。

我们可以用"实质等同原则"来考虑一下地沟油。地沟油与一般食用油有差别吗？大部分人都会同意有差别。但问题是现有的实验设备很难检测出一道菜肴是否使用了地沟油，目前查处的地沟油案件基本上都是靠人举报才发现的。既然我们检测出两道菜里的蛋白质、油脂等成分基本一致，没有检测出明显的不同，那么是不是说我们不该抵制地沟油呢？

举个更极端的例子，我们可以用牛皮提炼明胶，用明胶制作果冻。但如果这个明胶是从人皮中提炼出来的，然后经过精炼让你无法检测出果冻中的明胶来历，是否可以认为这人皮制造的果冻和传统果冻"实质等同"，因而不该"抵触"呢？

也许从科学实验的角度说，确实可以在操作上等同起来，但我们还是可以理解，许多人拒绝把它们认作等同也是合乎情理的。一方面，无法检测的微小差异未必不会产生巨大的影响，转基因本身就是通过对基因的微小调整带来了显著的变化；另一方面，即便最终确实吃进肚里没有区别，许多人在精神上也接受不了吃"人皮果冻"。类似地，接受不了吃进肚里的玉米含有虫子的基因，也未必是无理取闹。

人类社会本来就是观念多元的。某些人不喜欢吃鸡肉，某些人不喜欢吃牛肉，萝卜青菜，各有所爱，没有必要强行让所有人都接受某种食物。转基因产品也不例外，我们可以尊重和理解一部分人的顾虑或抵制转基因食品的要求，而未必非得斥之为愚昧不可。

第四节　孟山都公司

传统的转基因科普宣传普遍采用广播模型或缺失模型（见第二章），即认为公众，特别是抵制转基因的公众，一定是无知、误解、无理的一方，只要能够将科学原理和内容"告知"公众，是有可能获得公众支持的；另一方，科学家同政府、企业站在一边，捆绑在一起，为特定利益辩护。例如，转基因的支持者通常同时是孟山都公司的维护者,这种站边方式是失策的。

在民主的交流中要避免这样"非黑即白"的站边逻辑。我们应当承认转基因技术并非完美(讽刺的是,许多科学家在基因编辑技术兴起之后,也乐意承认转基因技术的缺陷了),也应当承认公众的诉求并非毫无合理之处,最关键的是,要承认科学家、政府和企业都有作恶的可能性。

孟山都公司是一家历史上劣迹斑斑的企业,它于1901年成立,因其在转基因种子和农用化学品的开发和销售而闻名。孟山都公司最初生产糖精、咖啡因、香精等,20世纪20年代开始生产化工原料多氯联苯(PCB)。事实上,从20世纪30年代起就有人发现PCB有毒害。据解密资料,至少在20世纪60年代孟山都公司内部就认识到PCB的环境危害,但其并未采取任何措施。直到1976年美国国会通过生产禁令(1978年1月1日生效)后,才卡着截止期限停产。

从1944年起,孟山都公司也生产DDT,直到1972年美国政府禁止使用后才停产。

20世纪60—70年代,孟山都公司生产橙剂,这是一种含二噁英的除草剂,供应给美国军方,用于侵越战争。孟山都公司向来和美国军方关系密切,是美国唯一的军用白磷供应商。

从20世纪70年代起,孟山都公司开始销售草甘膦等除草剂,由于草甘膦能够杀死多数杂草且有价格优势,被广泛运用到农业和园艺等领域。

从1983年起,孟山都公司设立转基因试验田,逐渐从化工转向生物工程,20世纪90年代销售各种转基因的棉花、大豆、花生等农作物。同时开发的转基因小麦因争议太大而未被批准上市。

为了支配市场,孟山都公司开发出"终结者"(terminator)种子技术,使得作物只能种一代,农民不能收获种子继续播种,每次播种都被迫向公司购买新的种子。孟山都公司的做法被认为是在制造不育种子,进一步维护了企业的利益,对农民造成剥削。好在这一技术因为争议太大而并未实行,1999年孟山都公司的首席执行官罗伯特·夏皮罗承诺不会将该技术商业化。

21世纪,孟山都公司继续推广转基因种子,在全球种子市场的占有率排第一,在2015年达到26%。2018年,它被拜耳集团收购,虽然弃用了"孟山都"名号,但拜耳集团并未放弃转基因农作物市场。

孟山都公司的拳头产品是各种耐草甘膦作物,正好和它自己的草甘膦等除草剂捆绑销售,提供系统性的解决方案。

虽然"终结者"种子技术并未落地,但草甘膦等除草剂广泛使用之后,耐药的杂草会越来越多,这就要求农民不断更新农药的配方,而农药更新之后,耐农药的作物也需要更新,所以农民一旦使用孟山都公司的捆绑系统,就很可能掉入依赖陷阱。

第五节　产量与多样性

以孟山都公司为例。一方面,从 PCB、DDT 和橙剂的不光彩事迹来看,我们无法相信孟山都公司的自律;另一方面,即便转基因作物本身没有毒性,转基因作物的推广过程也会对生态环境和经济系统带来某些难以逆转的影响。

以农药-作物的捆绑系统为例,这里转基因作物的主要功能是耐药性,一个农场之所以需要作物耐除草剂,是因为这种农场通常是粗放式喷洒农药的。在精耕细作的传统农业中,杂草可以定点清除,即便使用农药也可以聚焦喷洒,因而对作物的影响不大。而集约化农业没有人力进行精细操作,通常靠大型机械来喷洒农药,例如用飞机来洒药。如此"雨露均沾",除草剂也会损害作物,这时耐农药的作物就成为必需了。

所以说转基因作物一般为集约化、机械化、单一化的现代农业定制,不适合传统个体农民精耕细作的多样化种植方式。这间接使得个别营养单一的高产作物占据压倒性优势,减少了市场中作物的丰富性。

转基因作物的优势往往在最初播种时最为明显,播种数年之后,生态环境会自发调整,即抗杀虫剂昆虫和对草甘膦有抗性的杂草(这类杂草在 1990 年未被发现,而到 2014 年已经发现 23 种)出现。另外,当主要害虫被防治之后,其他次生的害虫可能泛滥,这又需要使用额外的农药。总之,农民只能不断加大农药用量,或者使用添加其他成分的复合农药,进一步加大对生物公司的依赖。

平心而论,在应用转基因之后,总的来说农业生产的成本还是降低了。但是一方面,这种成本降低未必有转基因宣传者渲染的那样显著;另一方面,也未必能抵消多样性减少等代价。

关键在于,以降低成本和提升产量来为转基因的价值做辩护是比较狭隘的。许多人津津乐道于农业科技能够让世界上多少人免于饥饿,但问题在于,饥荒问题更多的是一个政治问题、经济问题或者人口问题,而不仅仅是一个科技问题。

经济学家阿马蒂亚·森揭示出:现代历史上的大饥荒往往不是由食物供应

短缺引起的,而是由社会经济状况或失败的公共行动导致的。[①]

绿色革命的推动者诺曼·博洛格也承认,不能高估农业革命的意义:"绿色革命取得的短暂胜利给人类以喘息余地,但如果不遏制人类繁衍的可怕力量,成功就只是昙花一现。"

简单来说,农业产量增加后,贫困地区的人口可能继续增加,很快就会抵消农产品的增量。另外,专制政体、贫富差距和战乱动荡等因素更可能加剧饥荒。与政治经济结构发挥的作用相比,转基因作物对消除饥荒的贡献微乎其微。而如果转基因农业的代价是资源集中化和减少多样性,那么这可能间接催生各种冲突和动荡,反而会加剧饥荒问题。

实际上,转基因作物的商业化、农作物产量的提高对于农户和大生产商的意义并不相同。土地对于农户而言是生存方式与谋生手段。但转基因作物的商业化意味着大规模的单一种植,大生产商通过工业化农业获取利润。土地只是他们获取利润的手段,种子需要向种子公司购买,农药需要向农药公司购买,他们并不对土地负责。一旦土地土壤肥力下降,环境污染,他们只需要继续开垦土地,异地而种。

生物技术的意义远不只是提升产量或降低成本,更重要的是通过技术发展,能够让世界更加丰饶、多彩,减小贫富差距。合成生物学在未来不必重走孟山都公司的模式,而是应该更多地发挥自然的多样性和人类的创造力,促进食物、环境和生活的多样化。

---

① 阿马蒂亚·森. 贫困与饥荒:论权利与剥夺[M]. 王宇,王文玉,译. 北京:商务印书馆,2024.

第五章
基因编辑及其争议

随着 CRISPR/Cas 9 基因编辑等技术的发展，达到了对特定基因进行修改的精确度，人类掌握生命密码、改写自身基因不再是遥不可及的事情。但是，基因编辑同时也带来诸多伦理争议，例如基因编辑的安全性、可能带来的风险，涉及的社会公正、人类未来走向等问题。本章对基因编辑以及争议进行讨论，以期为读者进一步思考提供"引子"。

第一节　基因剪刀 CRISPR/Cas 9

基因编辑技术的核心进展是名为 CRISPR/Cas 9 的基因剪刀的发现，主导这一发现的两位女科学家埃马纽埃尔·卡彭蒂耶和珍妮佛·杜德娜因此获得了2020 年诺贝尔化学奖。

CRISPR 是"规律间隔成簇短回文重复序列"（clustered regularly interspaced short palindromic repeats）的英文缩写，而 Cas 9 是切割 DNA 的酶，是这一方法最常用的核酸修饰工具。在基因编辑时，CRISPR 相当于一个资料库，Cas 9 是根据资料库施行裁剪和修饰的基因"剪刀"。CRISPR/Cas 9 能够实现在 DNA 序列的特定点上的精确切割，实现对基因的修改、删除或者插入。

CRISPR/Cas 9 是一种细菌和古细菌防御病毒的记忆机制，细菌可以截取病毒的基因片段并嵌入自己的遗传物质中，由此"记住"这一病毒而免疫，这种免疫力可以通过遗传物质传递给后代。

CRISPR/Cas 9 的发现起源于细菌的免疫研究。1987 年，日本大阪大学的学者在研究大肠杆菌的时候，首次发现细菌的 DNA 中存在回文重复现象，当时他们并不理解这一现象。1993 年，西班牙科学家弗朗西斯科·莫西卡在地中海嗜盐菌中又一次发现了这个重复序列。[①] 2002 年,荷兰乌得勒支大学的吕德·扬森用计算机对不同细菌的基因组进行生物信息学研究,发现这些重复序列存在于大量的细菌中,扬森及其同事将这些序列起名为 CRISPR。[②] 2005 年,有三个不同的研究组分别发现,CRISPR 的间隔序列很像噬菌体的 DNA,猜测这一现象与细菌免疫有关。2012 年 8 月,卡彭蒂耶和杜德娜发现了这一细菌免疫机制可以用于基因编辑的潜力。2013 年 2 月,华人科学家张锋首次成功把 CRISPR/Cas 9 技术用于小鼠和人类细胞,相比于两位女科学家的发现,张锋也做了一些改良,使得编辑时可以同时敲除多个基因。之后,基因编辑技术很快应用于各种动植物。

张锋为自己改良的技术抢先加急申请专利,并在 2014 年 4 月取得专利权,从此引发了专利争议,卡彭蒂耶、杜德娜和张锋三人各自成立了数家公司,也有分分合合。最终在 2017 年法院判决张锋的专利和两位女科学家获得的专利互不冲突。

基因编辑技术使传统转基因技术得以升级换代。如杜德娜所说:"基因组编辑技术赋予科学家一种空前的能力。现在我们有了操控基因组的'分子手术刀',而过去的技术却像一把大锤。"

但技术发展得太快也会令人措手不及,杜德娜又说道:"科学家是不是太匆忙地赶着进入新的研究领域,而没有停下来想一想这些实验是否合理、后果如何? CRISPR 是否会被误用,甚至被滥用,特别是在人类身上?"[③]

杜德娜说完这段话不久,贺建奎宣布利用 CRISPR/Cas 9 编辑了人类胚胎,基因编辑婴儿已经降生,举世哗然,引发了巨大的争议。

再回到上文提到的专利之争。我们看到,诺贝尔奖发给了两位女科学家,而没有算上张锋,这是认定发现基因编辑的优先权归功于两位女科学家的依据。不过专利争夺中法院的判决倒是对张锋有利,即认定张锋的技术有独创性。这两项结果大体上都是公正的,因为诺贝尔奖向来奖励的都是"被实际验证的基础研究",而张锋的工作属于技术改进而非基础理论方面的贡献,所以被诺贝尔奖排除在外是理所当然的。不过专利制度是为了激励技术的应用、改良和商业化,

① 王立铭.上帝的手术刀——基因编辑简史[M].杭州:浙江人民出版社,2017.

② 约翰·帕林顿.重新设计生命:基因组编辑技术如何改变世界[M].李雪莹,译.北京:中信出版社,2018.

③ 珍妮佛·杜德娜,塞缪尔·斯滕伯格.破天机:基因编辑的惊人力量[M].傅贺,译.长沙:湖南科学技术出版社,2020.

而张锋的工作确实在商业化方面有显著推进,因而保护张锋的专利权也是应该的。

不过,在基因科技方面,传统专利制度确实显得非常笨拙,产生专利纷争不能怪罪于创新者们争抢专利权时不讲规矩,更可能是古老的专利制度不太适用于新科技环境的一种表现。

传统上,从理论预言到发展出有效的实验技巧,从实验室再到商业化开发,从最初的商业产品到不断迭代出成熟的新产品,每一个发展环节都以数十年计。专利权能保证创新者享受足够长时间的市场红利,等到下一代革命性的产品问世后,老的专利也差不多过期了。

例如蒸汽机的发展,最早可以从托里拆利发现大气压(1643年)说起,随后是盖里克和波义耳的真空泵(1650年、1659年),然后到萨弗里的蒸汽抽水机(1698年)和纽可门蒸汽机(1712年)开始商业化,最后在瓦特那里又获得革命性的改进(1765年完成设计,1777年打入市场)。1800年左右,特里维西克的高压蒸汽机使得蒸汽机小型化成为可能,因而可以进行更多精细工作以及驱动车辆,最终在1814年由"火车之父"史蒂芬森实现了蒸汽机车的商用化。[①]

从纽可门到瓦特,整整60多年,蒸汽机的效率终于在瓦特手上提升了4倍,这样的效率跃升足以使得蒸汽机成为工业时代开启的标志。但自基因编辑技术问世后1年内,该技术的应用效率就被大大提升了。设想波义耳、纽可门、瓦特,甚至史蒂芬森,这些人都是同代人,那么史蒂芬森做出创新的时候,波义耳的专利都没过期。这将是怎样的一种场景?从基因编辑的历程看来,当今的科技发展差不多就是那样的一种场景。

这又回到我们在第二章讨论过的问题:科技无止境加速发展,但人文活动受限于人类的生命节奏,反应的速度总有极限。技术专利需要人工审批,专利纷争需要花时间打官司,许多环节的速度都是受局限的,再怎么加急加快,也很难跟得上日新月异的技术更迭。如此一来,专利制度激励创新的作用开始打折扣了,有些时候反而显得是在拖累创新。

其次,对于惠及全人类的基因技术而言,每一次的发现都可能带来巨大的进步,甚至不同的团队会从不同情况出发得出同一结论。面对这种情况,许多人甚至希望在基因编辑领域干脆取消专利制度,例如英国生物学家约翰·苏尔斯顿表示,将基因编辑技术这样的基本技术作为专利是危险的。"实际情况是,这样

---

① 胡翌霖.人的延伸——技术通史[M].上海:上海教育出版社,2020.

的垄断对科研、对消费者、对企业都不利,因为它消灭了竞争的元素。"①

　　当然,专利制度问题不只在生物科技领域出现,信息技术、人工智能等前沿科技领域都有类似的问题。而我们需要做的就是重新审视加速时代的技术与商业的新关系。坚守专利制度是为了促进创新和有益于消费者的初心,有必要对新技术时代的专利制度进行改革,对相关法律和体制进行调整。

第二节　基因编辑的伦理争议

　　在对基因编辑技术进行介绍之后,本节探究飞速发展的基因编辑技术所引发的伦理争议。

　　黄军就团队在利用不能发育的胚胎——试管婴儿废弃物进行基因编辑时,无意中跨越了基因编辑技术的"红线",激起了广泛的讨论。该事件促使科学界反思基因编辑的伦理边界,推动相关规范建设,同时提醒科研竞争不应牺牲伦理底线,科学发展须与伦理责任并行。

　　2018年11月,第二届人类基因组编辑国际峰会在中国香港举办,贺建奎做了一场报告,公布了他进行的所谓"基因编辑工作"——这一工作远远超出了"实验"的范畴。

　　贺建奎不仅编辑了人类胚胎,而且经编辑的胚胎已经降生。他号称通过基因编辑,让新生儿对艾滋病免疫,因而阻断了艾滋病父母传染给子女的可能性。很快,300余位华人学者联名声讨贺建奎,认为他的工作不能代表中国科学家的形象。2019年末,贺建奎以"非法行医罪"被判有期徒刑3年并处300万元罚款。

　　贺建奎的研究违反伦理共识是无可争议的,下一章我们会详细介绍生命伦理学的历史发展和一些公认原则。对于艾滋病患者而言,现在已有成熟的疗法控制病情,阻断母婴传播(何况贺建奎的志愿者都是父亲阳性、母亲阴性),为了婴儿免于染病而编辑基因毫无必要。在科研方面,从基因编辑的技术验证来说也并不需要婴儿降生,婴儿降生如果说有科研意义,那只能是继续观察基因编辑婴儿在成长过程中有无不曾预料的现象,但如果这样的话,在动物实验尚未充分展开之前就让无辜的孩子用生命探索未知显然是不道德的。

---

　　① 约翰·帕林顿.重新设计生命:基因组编辑技术如何改变世界[M].李雪莹,译.北京:中信出版社,2018.

实际上，基因编辑技术并不完美，存在"脱靶效应"。我们很难判断基因编辑技术在对基因进行修改之后，是否会带来不可预料的健康风险。尤其是对于人类而言，一旦产生负面影响，将很难控制，这也是基因编辑的不可逆的特性。对于整个人类长期发展而言，更是难以从长时段中判断基因编辑对基因多样性的影响以及对人类后代的影响。也许这种风险不会出现，但谨慎全面的推进和讨论还是很有必要的。

我们应当认识到，随着监管制度的不断完善，贺建奎本人已依法承担相应的法律责任，彰显了科学伦理和法律约束的实际作用。

在第二章讨论过，伦理监管好比是扣好安全带，表面上看会让人有些拘束，但长远来说是确保驾驶员更专注地飙车的必要条件。我国一直在努力构建完善的伦理监管和法律制度，保障科学界能够有序地开展研究。

第三节　基因定制是我们的未来吗？

贺建奎的行为是错误的，最无可争议的原因是当下的基因编辑技术远不够成熟。但是随着技术的成熟，在婴儿降生之前进行基因定制是一个必然的趋势吗？或者说，未来的伦理批判应该反过来：没有为子女进行基因编辑的父母或许需要受到道德指责？

更进一步说，如果人人都对婴儿进行基因定制，那么要定制到什么地步呢？没有采用最新版本的基因的父母是否属于不负责任呢？在今天，一个孩子不会因为自己个人的缺陷或疾病责怪他的父母，但如果父母本有能力对子女进行基因定制呢？那么，孩子是否可以因体质缺陷而埋怨父母没有在怀孕时选择最佳的基因定制方案呢？

许多人认为借助科技不断增强人类是理所应当的，生命伦理学家约翰·哈里斯曾在电话采访中说道："如果我们可以使自己对疾病的抵抗力变得更强，受伤后恢复得更快，或者能够增强我们的认知能力、提高寿命，我想不通我们为什么不会那样做。"

杜德娜也看到了这一未来的可能性，但她对这一未来表示疑虑："一旦我们有机会把胚胎中的'致病'基因改造成'正常'基因，我们同样有机会把'正常版'基因改造成'增强版'基因。如果可以降低孩子日后患上心脏病、阿尔茨海默病、糖尿病或者癌症的风险，我们就应当对胚胎进行基因编辑吗？进一步的问题是，我们要不要为这些孩子赋予某些有益的特征,比如更大的力气、更优越的认知能力,或者改变他们的身体特征(比如眼睛或头发的颜色)?人类有追求完美的天性,一旦我们走上了这条路,路的尽头是我们希望看到的结果吗?"[1]

之所以"致病"和"正常"要打上引号,是因为这里牵涉一个根本的哲学问题:究竟是否存在所谓的"正常"?

在进化史上,"正常"是相对而言的,原则上说任何生物的各种特征最初都是"异常"的,进化的动力就在于偏离"正常"的"突变"总在发生。对猿猴而言没有尾巴是一种残缺,而对人类来说长了尾巴才是一种畸形。不允许异常的随机发生就不会有自然选择的进化进程。

"受伤后恢复得更快"一定是好事吗?如果是这样,为什么蚯蚓的恢复能力远胜于许多"高级"哺乳动物呢?为什么大自然的进化历程没有把更强的恢复力发扬光大呢?

又比如说所谓"增强我们的认知能力",但什么才叫认知能力的增强呢?狗能够识别更多的气味,这算不算认知能力?对狩猎部落中的人而言,辨认动物的脚印和粪便是重要的能力,但这一能力在现代社会几乎毫无用处。在传统社会中博闻强记是重要的能力,但在信息时代随手就能搜索百科知识,联想和创造能力或许比博闻强记更重要。

我们在第三章讨论过,"优胜劣汰"并不是达尔文进化论的意思,进化论并不认为有绝对意义上的优劣之分。环境是动态变化的,在某个环境下的缺陷,可能变成另一个环境下的优势。遗传的随机变异机制使得生物更可能适应变化的环境。

也许你要说,祛除遗传病总是绝对的好事吧?但遗传病之所以能长期遗传,未必没有特定环境下的生存优势。例如,镰状细胞贫血症被发现在抵抗疟疾等疾病时有优势。

更多时候基因所决定的东西是复杂的,先天与后天的复杂关系共同决定了某些遗传特征究竟会发展成优势还是劣势。孤独症和其他一些遗传性精神疾病就是这样的例子。它们由多重基因和后天环境共同决定,某些类似的特征,有些人可能发展为失智和失能,但另一些人可能发展成天才。

假定某种基因让人有50%的概率患上抑郁症或孤独症,但如果成长环境适

---

① 珍妮佛·杜德娜,塞缪尔·斯藤伯格.破天机:基因编辑的惊人力量[M].傅贺,译.长沙:湖南科学技术出版社,2020.

宜，又有 5% 的概率成为富有创造力的发明家或艺术家，那么这个基因是好是坏呢？或者反过来说，一种基因让人有 99% 的概率更富创造力，而 1% 的概率成为反社会人格乃至疯子，负责任的父母是否应当修正这一风险基因呢？

　　无论是从整个生态系统来看，还是从人类文化而论，优劣的尺度都不该是单调线性的。如果说确实存在一个"优化"的方向，那么也应该是追求多样化和丰富化，而不是单一化发展。

　　当基因定制成为整个社会的时尚或伦理共识时，人类的多样性会增加还是趋同呢？我们已经从整容技术和 AI 修图技术的发展中看到，这类"自我改造"的技术虽然说原则上可能让人的外貌变得更加多样和丰富，但实质上结果经常是千篇一律的趋同化，比如说所谓的"网红脸"。那么当这种定制技术从人脸扩展到身体、智能乃至性格、情绪等维度时，是否也会带来"网红版"基因泛滥成灾的未来呢？这种人人"完美"的未来真的美好吗？

　　如果社会结构和社会制度没有改变，这种人人"完美"意味着向着更美、更健康和更聪明的方向发展，这背后蕴含了千篇一律的危险。这种朝着一个方向"完美"的诉求可能会失去"不同"的可能性，从而消解了传统的道德和文化。当然，我们可以鼓励人们用基因定制技术发展人类多样性，但这种做法同样是危险的。父母可以有意选择离经叛道的奇怪特征赋予婴儿吗？

　　哲学家桑德尔在《反对完美：科技与人性的正义之战》中提供了一个基因定制的另类例子：一对失聪的女同性恋伴侣想要一个同样失聪的孩子，因此找到了五代人都耳聋的捐精者，最终成功地生育了一个聋儿。她们虽然没有用基因编辑，但是通过人为筛选，定制了一个"残疾"的孩子。[①] 此事经媒体报道后引来了诸多谴责，但她们不以为然，认为她们和那些要求精子提供者有高身材和高智商的人并没有什么不同。在她们看来，耳聋并不是一种缺陷，而是一个难得的特质，是一种文化认同和生活方式，和其他任何方式等同。耳聋能够帮助孩子远离无谓的嘈杂，提升社交品位和生活品质。

　　我们恐怕很难找到一个一锤定音的简单答案。无论如何，对人类进行基因定制即便是大势所趋，但在伦理和文化上如何界定边界，如何保持平衡，还存有许多争议，需要进一步探索。

---

　　① 迈克尔·桑德尔.反对完美：科技与人性的正义之战[M].黄慧慧，译.北京：中信出版社，2013.

第四节　恩赐的消逝

也许你会说,今天乃至古代,就已经有了一些优生优育的筛查技术,父母在婚检和备孕阶段可以做许多工作,尽可能保证婴儿健康出生,这难道不也是一种提前"定制"吗?用基因编辑来让婴儿更健康和细心备孕来让婴儿更健康,有什么本质区别呢?难道方法更有效反而有毛病吗?

的确,想要孩子生得聪明、美丽、健康,这是每个父母的愿望。为了孩子更好出生,父母也愿意做许多事情:找偏方或合理饮食,"封山育林",定期产检,胎教,做保健操等。这些事情有些"科学"而有些"不科学",有些有效而有些无效,但都是人们为了"更好地生育"所做的努力。

为了更好生育而对孩子进行精确的基因编辑,实际上是对孩子全方面的"控制"。当一件事情做得过于精确时,意味着我们丧失了回旋余地,失去了个人选择的自由度。

海德格尔讨论过现代技术与古代技术的差异:河畔的水车和拦截大河的水电站有何区别呢?关键在于,水电站对河流进行了"双重开发",在实际利用水流推动发电机之前,甚至在水电站尚未实际落成之前,河流就已经被水电站"预订"了,它被预先把握为"资源"或"能量"。在实际开发之前,它的所有潜能都已经被"开发"出来了,实际的水电站要做的,只是去攫取这些早被预订的能量,除了已被开发的东西之外,河流并不会有额外的恩赐;除了预订好的能源之外,太多或太少都只是麻烦。而对于水车而言,它不会整个截断河流(无论是实际上还是观念上),河流的神秘性和可能性并未被剥夺,因此自然仍值得人们去感恩或敬畏。

我们并不是在主张任何退回古代社会的浪漫主义立场,正如海德格尔始终强调的:现代技术是我们的命运,无论如何,我们不得不承担它。[①] 但关键在于,除了随波逐流之外,我们总希望去理解自己的处境,理解这个时代的变革。

"上天的恩赐"几乎是一个古代词语。现代人把自然纳入全盘掌控之下,不再尊重和敬畏自然,而是希望自然符合我们自身的观念,只希望自然按照现代技术预先制定的要求给予我们不多不少的资源,除此以外不希望任何意外来添乱,所以也就不再需要诸如因自然的恩赐而感激或因自然的无常而敬畏这样的

---

① 海德格尔.演讲与论文集(修订译本)[M].孙周兴,译.北京:商务印书馆,2018.

情绪。

在现代世界"上天的恩赐"观念最后的一处避风港，可能就是生育领域了。最"现代"的父母们，仍然乐意把子女看作"上天的恩赐"。孩子的出生与成长，总是受到父母的"精心呵护"，而不是"精密控制"。就像守护着森林或河流的古代人那样，家长对孩子抱有期望，提出要求，但并不指望全盘的、预先的控制。孩子身上的意外与无常有时让家长揪心，有时则给家长带来惊喜。

基因技术的介入，标志着这最后的"恩赐"也终将面临消亡的危险。

就贺建奎个人而言，从表面上看，他最大的错误是在技术尚未成熟、风险难以控制的情况下，就草率地进行人身试验。但是，就"恩赐"之消逝而言，真正的危机恰恰是要等技术极端精密到对意外能够全面控制的时候。

基因编辑和传统备孕方法相比，最大的差别就在于这种极端精密的"预先控制"。以前的父母希望孩子更健康、更聪明，但如果孩子不那么理想，父母通常不会认为孩子的降生出错了。"更健康"的愿望和古人期盼"风调雨顺"一样，并不是一种"预先订制"，它并不指向一个清楚分明的具体结果。无论我生得怎么样，在我父母眼里都是恩赐。父母会全心接纳孩子的样态，并不会将其作为设计的物品，也不会期待孩子如"规划"般呈现某些特征和品质。传统技术总是为意外的宽容之情和惊喜的感恩之情留出余地的。当基因编辑技术能够达到 99.9% 的精确性时，父母们对子女还会抱有同样的宽容之情和感恩之情吗？

当然，我们也不必绝望。事实上，在不同时代和不同环境下，人们关于亲子关系的理解大有不同。我们和父母那代人的观念就大不一样了，下一代和我们又有不同，这似乎也不值得大惊小怪。但另一方面，我们的忧虑和思考也是必要的，未来必然与古代不同，但究竟怎样不同，还有待于我们这代人去引导和营造。在"恩赐"消失之后，我们应以怎样的态度去迎接新的生命，至今还悬而未决。

第六章
生命伦理学概论

生物技术的发展,对生命伦理提出了新的要求。想要对生命伦理有全面的理解,就要先从伦理学的概念谈起。本章从伦理学的研究内容到应用伦理学的实践,再到医学伦理依据的重要文本和伦理委员会制度建立,为读者呈现一个系统的理论框架。伦理学的研究内容为我们提供了道德判断和行动原则。"电车难题"作为经典思想实验,为我们揭示了现实情景中的复杂关系和利益平衡问题。这为应用伦理学兴起提供了支持,有助于我们在实际情况中进行道德思考和抉择。基因编辑、合成生物学的发展促使生命伦理学重新成为关注焦点。本章通过对生命伦理学依据的几个重要文本的呈现以及对伦理委员会制度的梳理,对生命伦理学进行了全面阐释,从而帮助读者理解生命伦理学的重要性。

第一节　伦理学研究什么

我们回顾了优生学、转基因和基因编辑等生命科学史上引发伦理争议的一些关键案例,但我们基本上都是在日常语言的基础上讨论这些问题,并没有引入专门的生命伦理学术语和学术资源。

朴素的讨论是有益的,正如我们在第二章提到的,民主的科学传播应当鼓励普通民众参与科技安全和科技伦理的相关讨论,不应该设置专业门槛。但是,想要进一步深入探讨伦理问题,我们有必要对伦理学和生命伦理学的基本概念、范畴及其发展历史做一些初步了解。本章就为所涉及的相关知识背景,提供概览性的导引。

从广义上说,伦理学探讨的主题是各种关于"应该"的问题,比如"什么是善？""我们应该如何行动？"等。伦理学关注道德规范本身、道德选择的正当性、行为的结果以及人类行为的准则等问题。这又有几个不同的层面。

（1）美德问题——应该做怎样的人？好人应该是什么样的？比如我们说一个好医生应该救死扶伤，一个好教师应该诲人不倦，救死扶伤和诲人不倦就被认为是相应的美德。古代的伦理学主要讨论美德问题。例如，古希腊人认为美德包括智慧、勇敢、公正、节制四种品性；在《论语》中，孔子认为君子（好人）应该具有的美德包括文质彬彬、和而不同、矜而不争、群而不党、泰而不骄、惠而不费、劳而不怨、欲而不贪、威而不猛等。

（2）道义问题——我们应当依据什么原则行事？比如中西方传统都有类似于"己所不欲，勿施于人"的伦理原则。不杀生、不偷盗等笼统的戒律也可以算是一种道义原则。

（3）价值问题——许多时候摆在我们面前的并不一定是绝对分明的善恶好坏，许多时候我们会在两件好事之间抉择。两件好事只能做一件时应该如何选择？两害相权时又应该如何衡量轻重？这就需要探讨一种计算或权衡的方式，估价问题也是伦理学的问题之一。

（4）规范问题——以上几点更偏重个人的选择问题，那么在群体之间，在社会共同体中，各方成员的行为或追求如何互相妥协或制衡？应该如何制定具有公共约束力的伦理规范？伦理与法制应该如何衔接？

以上是从问题意识的角度对伦理学问题进行的分类。一个学者可能同时关注多个层面的问题，但在现代，各门学科不断专业化，伦理学也被拆分成一些相对独立的子学科，每一子学科领域专注于伦理问题的某些层面。伦理学的子学科大致包括如下方面。

（1）元伦理学。它研究基本概念问题，包括"伦理是什么？"和"伦理学何以可能？"的基本问题，也包括实在论、相对主义、虚无主义等基本哲学争论。

（2）规范伦理学。狭义上的伦理学领域，如美德、原则、价值等问题都可以包含在规范伦理学之内，但根据对这些问题的不同侧重，可以分为后果论（功利主义）、道义论（康德主义）、美德论（亚里士多德主义）等不同流派。后果论主张用行为造成的后果来衡量行为的好坏，包括典型的功利主义学派（代表人物是英国哲学家密尔和边沁），他们认为是否有益于人类的最大幸福是衡量行为的最终标尺；道义论主张行为所秉持的原则比造成的结果更重要，不能为了达成好的结果就打破自己的道义原则；美德论则主张不再聚焦于单一行为的讨论，而是关注人格整体的建立。除此以外，还有诸如关怀伦理学、女性主义伦理学等流派。关怀伦理学认为伦理学追求的不是刻板的规则,理解情境和感情更加重要。

（3）应用伦理学。规范伦理学讨论一般性或者说普遍性的伦理问题,和任何哲学争论一样,伦理学的争论也总是侧重思辨,难有定论。但在现实社会中有越来越多的实际领域,其中发生的伦理争议更加迫切,也更加专门化。要应对这类迫切且专门化的伦理问题,"应用伦理学"这一概念应运而生。所谓应用伦理学,是研究具体领域中的道德问题,但应用伦理学并不是先等待规范伦理学制定出公认的规范,然后再把伦理规范应用于各个专门领域;相反,应用伦理学家不再等待理论家得出结论,而是在具体问题领域寻求更具体和可操作的伦理共识。应用伦理学包括动物伦理、环境伦理、医学伦理、生命伦理、商业伦理、军事伦理、技术伦理、互联网伦理、人工智能伦理等大大小小的范畴,本章将会着重介绍医学伦理和生命伦理。

（4）描述伦理学。这类研究与其说属于哲学,不如说属于心理学、社会学、人类学、神经科学等其他学科。描述伦理学并不直接讨论应然问题,而是研究实然的现象,重点是描述和记录人们在实际生活和实际言行中的伦理行为和伦理态度,分析不同文化和历史中的伦理行为,这类描述性记录对于伦理学的理论探讨也有借鉴意义。

第二节　电车难题

伦理学家经常通过思想实验来推演伦理观念,"电车难题"大概是最著名的一个伦理学思想实验,这一实验能够体现不同伦理学流派的差异,因而具有现实意义。

"电车难题"最初由英国哲学家菲利帕·福特提出。她在1967年发表的《堕胎问题和教条双重影响》[①]一文中,用这个思想实验来讨论道德决策的两难困境,并批评功利主义后果论。当然,后来功利主义者也能接受这一思想实验,并主动以此实验例证自己的立场。

电车难题的标准版本（见图6-1）很简单:一列电车正在驶来,即将压死被绑在铁轨上的五个无辜的人,而你是一个扳道工。如果你立刻扳下道闸,这五个人就会得救,但是被绑在另一条铁轨上的一个无辜的人将被压死。此时,扳道工面

① Foot P.The Problem of Abortion and the Doctrine of the Double Effect[J]. Oxford Review，1967，11(5)：5-15.

临着两难选择：一是不扳下道闸，这将使五人丧生；二是扳下道闸，电车转向另一条轨道，使原本安全的一人丧生。那么你是否应该扳动道闸呢？

图 6-1　电车难题标准版本图示

功利主义者强调实现最大多数人的最大利益，通过量化的方式进行衡量。功利主义者在面对电车难题时，通常会权衡两种选择的结果，死五人比死一人更坏，所以主张扳动道闸，这样可以减少死亡人数，符合"最大化幸福"原则。当然，对于道义论者而言，人是目的不是手段。这一主张的代表人物是康德。在道义论者看来，我们要遵守道德准则，将人作为道德主体。因而，我们不能量化人的生命，更不能牺牲一个无辜的人去拯救另外五个人。还有一种想法更在意死者的直接原因：我可能认为五人的死亡本来与我无关，但如果我采取行动，那一个人却要因我的选择而死，所以我宁可顺其自然而不去扳动道闸。

国际哲学界以功利主义为主流，在电车难题的选择中也有所体现。2009 年一项调查显示：69.9% 的职业哲学家选择扳动道闸，8.0% 的人选择不扳动道闸，其余 22.1% 的人有其他意见或拒绝回答。[①]

电车难题还有许多变体，这些变体改变了一些条件，从而让难题变得更加微妙。

最著名的变体是"天桥胖子版"电车难题（图 6-2），在这个版本中，电车轨道是单一的，你不再面临扳道闸的抉择。你站在轨道上方的天桥上，面前还有个大胖子。假定你把这个胖子推下桥，就能卡住铁轨让电车停下来，从而牺牲胖子拯救五个人。那么你是否应该将胖子从天桥推下去？

同样是牺牲一人拯救五人，在"天桥胖子版"中，多数人选择不采取行动，任

① Bourget D, Chalmers D J. What do philosophers believe? [J]. Philosophical Studies, 2014(170)：465-500.

图 6-2　电车难题的变体图示("天桥胖子版")

由电车碾死五人。这两种情形的区别究竟在哪里？从直接的后果上很难做出区别,我们可能需要诉诸情境或动机来理解差异,不同的伦理学流派会有不同的解释。一种解释是:在原版难题中,牺牲的一人是拯救行动的副作用;而在"天桥胖子版"中,牺牲的胖子是拯救行动的必要工具。也就是说,当你扳道闸时,你的行动是通过扳道闸让电车转向从而拯救五人,而一人死亡不是你希望发生的事情,如果这个人没死当然更好;而当你推胖子时,你的行动是通过胖子让电车停止从而拯救五人,胖子之死是拯救行动的必要环节,你希望胖子死掉,不然救援就失败了。

　　当然,我们也可以从其他角度来讨论两个版本的区别,即便你认为两个版本都应该行动或都应该不行动;我们也可以辨别两个版本的区别,例如情感上的微妙差异。

　　"电车难题"作为哲学家构建的思想实验,来自现实社会中人们可能会遇到的真实伦理困境。以上两个版本的差异并不只是一个理论思辨问题,在一些应用伦理案例中我们也可以看到类似的区分。

　　例如,在某种流行病暴发期间,如果我们强制推行疫苗接种,可能挽救数百万人的生命,但由于疫苗多少总会有一些副作用,接种疫苗可能导致数百人产生副作用而死亡,他们原本不打疫苗时未必会死。那么,我们是否应该强制推行疫苗接种呢？

　　又比如说,同样是面对流行病,如果我们立刻进行人体试验,强行征用数千人来试验,可能导致其中数十人死亡,但这样能够大大缩短新药研发的时间,从而多拯救上万人的生命。那么,我们是否应当强制施行人体试验呢？

这两个案例不再是思想实验，而是真实世界中需要面对的抉择。通常认为，在充分评估风险收益之后，强制疫苗接种是可能被接受的方案，但未经同意的人体试验是不可接受的。

在战争中也经常有类似的抉择。比如我们可能支持为了保卫人口密集的城市而拦截导弹，但导弹的碎片可能导致原本不在攻击目标的村庄中出现平民伤亡，这种情况下是否还应该拦截导弹呢？又比如说，如果通过挟持和伤害平民而可能达成停止战争的结果，是否应该去挟持平民呢？在前一种情形中，拦截导弹似乎是理所当然的，而后一种情形则是非人道的。

我们也可以用"副作用"与"必要手段"的区别来理解上述情形，当然也可以援引其他的理由。电车难题没有标准答案，但在实际应用场景中我们哪怕理念不同，也经常需要达成行动上的共识。

电车难题有很多变体。例如：

"坏胖子"——天桥上的胖子并非无辜，恰好就是天桥上的那个胖子把那五人绑在铁轨上（也许是一个恶作剧）。此时，是否应该将胖子推下去以拯救五人的生命？

"二次变轨"——同样是让胖子卡住电车的拯救方法，但不是亲手推人，而是作为扳道工通过变轨实现。此时，是否要扳动道闸让电车变轨拯救五人生命？

"院子里的人"——另一个人并没有被绑在铁轨上，而是在自家院子里吃着火锅唱着歌，但变轨后电车将脱轨把他撞死。此时，是否要让无辜的人承担死亡风险而转变电车的轨道？

还有一个版本，院子里的人和绑在铁轨上的人似乎没有差别，但关于这一版本有一个有趣的调查。调查者在事先并未听说过任何版本的"电车难题"的受众中抽样。如果受访者先回答了原版电车难题的问题，那么极大可能他对"院子里的人"的选择将是一致的；但如果受访者首先被问的是"院子里的人"版本，然后才询问原始版本，那么他的选择仍然是接近一致的。但先问原始版本的受访者总体而言更多地倾向于扳道闸，而先听到"院子里的人"版本的受访者则有更多人选择不扳。这个调查显示出人们实际的伦理抉择并不完全根据理性，而是与叙事时的先入为主的情感有关。

"电车难题"还有一些没有电车的衍生变体，例如器官移植版：医院里有五个病人即将死亡，这时候医生发现一个健康人身上的器官正好能分别移植给这五个人，救活五条人命，那么要不要牺牲这个健康人的生命？假如这五位濒死的病人恰好是社会各界精英，路过的健康人是一个智力低下的人，此时我们选择牺牲一人、拯救五人的概率是否会变大？在天桥上支持推下胖子的人是否还会支持这个版本呢？

电车难题如何抉择，我们在这里不做定论。电车难题的意义是，其能够用几个简单而生动的场景，检验和比较不同伦理观念和道德倾向，特别是检验自身伦理观念的一致性。借助电车难题实验，能够激发人们对道德行为、个体选择以及个体责任等问题的思考。

第三节　应用伦理学的兴起

应用伦理学在 20 世纪后半叶逐渐兴起，这一新学科领域的兴起有如下背景。

（1）知识交叉。科技发展带来的许多伦理问题，要求具备更交叉或更专门的知识训练，传统的伦理学学科隶属于哲学，侧重于人文训练，但缺乏相应的科技背景。从事应用伦理学的伦理学家通常要求在哲学理论基础之外，接受相关的交叉学科的训练。多学科的交叉合作也为应用伦理学提供了理论基础和实证支持，促使伦理学的讨论更加全面具体。

（2）现实要求。哲学问题自古以来都争执不休，难有定论。但许多现实问题抉择迫在眉睫，因此需要某种跳出传统人文学术争鸣的新的协商和共识机制。

（3）民主对话。随着科研制度的民主化，各种实验和决策要求伦理委员会进行审查和判定，应用伦理学的训练可以为相关伦理委员会提供人选。

（4）科技挑战。新科技快速发展，出现了新的伦理问题。这些伦理问题挑战传统伦理观念和伦理框架，如试管婴儿、脑死亡和安乐死等，使得一些传统的伦理学结论有待重新评估。

在上述背景下发展起来的应用伦理学，通常也具有"反体系"的特点，和传统的哲学家热衷于建立自洽和完整的理论体系不同，应用伦理学家并不热心此道，而是可以在并不援引某个理论体系的情况下加入具体问题的讨论。

因此，应用伦理学对传统伦理学流派的态度经常是"实用主义"的，传统上水火不容的不同思想流派，在应用伦理学领域有可能同时被援引和参考。例如，我们可能在树立道德模范的时候参照美德伦理学，在制订公约和共识条款的时候援引道义论者的原则（如康德的"人是目的"），然后在解决实际争议时，则采取功利主义的策略，进行量化和价值计算。

应用伦理学力图在复杂变化的实际情况中，提出道德指导，帮助人们在决策过程中做出负责任的选择。环境伦理学和医学伦理学是应用伦理学中的两大重要分支，这里将介绍医学伦理学及其扩展形式——生命伦理学。

在古代，"医德"或许是最早形成系统化表达的职业伦理之一，源自古希腊的《希波克拉底誓言》，直到今天仍然是广大医护工作者宣誓遵循的道德守则。而在中国，孙思邈的《大医精诚》也影响深远。

《希波克拉底誓言》与《大医精诚》都要求医者恻隐利他，为患者尽心尽力，也都要求医者不分男女贵贱，对病患一视同仁。《希波克拉底誓言》额外强调了医生应为患者保守隐私，而《大医精诚》特别强调医生应尊重生命（包括动物）。

到了现代，古老的医德教诲并未过时，但是现代医学有许多前所未有的新面貌，古代的医德难以覆盖许多具体的情况。特别是，现代医学在很大程度上与实验科学相联系，医学实践除了治病救人之外，还包含各种实验科研环节，因此"医学伦理"发展起来，逐渐形成系统的共识。

随着生物技术进一步发展，尊重生命的问题不再限于医学实践，伦理学需要面对许多关于生命的非医学问题乃至非人类问题。人们开始用"生命伦理学"涵盖比医学伦理更宽泛的问题域。

第四节　医学伦理的关键文本

医学伦理发展历史上，包含经典的宣言和准则协议，这些内容奠定了现代医学伦理的原则，对医疗发展和实践规范起到重要作用。其中，以下几个文本有着标志性的意义。它们包括《希波克拉底誓言》（前460—前377年）、《纽伦堡法典》（1947年）、《赫尔辛基宣言》（1964年）、《贝尔蒙报告》（1979年）、《涉及人的生物医学研究国际伦理准则》（1993年）等。

《希波克拉底誓言》由古希腊医学家希波克拉底所著。作为医学伦理最早的文本之一，它是希波克拉底以及古希腊所有从医者的道德准则，是古希腊职业道德圣典。其中包括尊重人权、不伤害、守护病人隐私等理念，强调了医生对病人的职责，为现代医学伦理准则奠定了基础。

《纽伦堡法典》诞生于1947年的纽伦堡审判，在审判纳粹战犯过程中，一部分从事人体试验的"纳粹医生"被专案处理。于是，为了确定科学研究中人体试验的合理边界，法庭在裁决书的附录中，规定了"可允许的人体试验"的10条原则。

《赫尔辛基宣言》诞生于 1964 年的世界医学学会大会,后来经历多次修订。1975 年第一次修订时加入伦理委员会要求。它规定了医学研究中的伦理规范,是人体医学研究的重要文件。

《贝尔蒙报告》由美国国家保护生物医学和行为研究人类受试者委员会在 1979 年发布,该委员会曾负责调查臭名昭著的塔斯基吉梅毒试验。从 1932 年一直到 1972 年,某个机构持续在塔斯基吉招募黑人进行梅毒自然病程的研究,招募过程中存在诱骗、欺诈和种族歧视,在梅毒已经可以用抗生素治疗之后,仍然给病人提供虚假的药物,这些人体试验最终帮助研究人员发表相关医学论文。《贝尔蒙报告》揭示了这一丑闻,并总结经验教训,以避免再犯。

《涉及人的生物医学研究国际伦理准则》由世卫组织 1993 年制定,该准则综合了之前的共识,也考虑了生物科技的新态势,在国际上取得了较大共识。

《纽伦堡法典》中,规定了科学研究中合理的人体试验需要遵循的 10 条原则,经过简化,大致如下:

① 自愿同意;

② 有益且必要;

③ 有足够的研究基础(如动物实验);

④ 避免不必要的痛苦;

⑤ 已预见死亡或致残就不能进行;

⑥ 实验带来的风险不能高于实验可能的收益;

⑦ 做好意外防护措施;

⑧ 操作者有科学训练和胜任技能;

⑨ 允许被试中途退出;

⑩ 研究者关注进展并随时终止。

这 10 条原则包含了对被试者"知情同意"和"自由自愿"的强调,也包含了对实验者的专业性强调,包含了价值权衡和人道关怀。《纽伦堡法典》规定了人体试验的基本伦理准则,是之后各种宣言和法则的基础,为医学实验伦理建立奠定了基础。

《赫尔辛基宣言》和《贝尔蒙报告》都肯定了上述 10 条原则,但更加系统化和细化。

在《贝尔蒙报告》中,首先强调了一个概念性的"元"问题,即对"医疗行为"和"医学研究行为"做出区分。在医疗行为中,医生不应该进行实验研究。这二者的区分还有一个简化的判断标准：大致来说，医疗行为应该是患者向医生付钱，而医学研究行为通常是研究者向被试付钱。

《贝尔蒙报告》提出了医学伦理的如下"三大道义原则"。

（1）尊重（respect for persons）：尊重人的自主性；额外保护缺乏自主能力的人。

（2）有益（beneficence）：尽可能不伤害；收益最大化且伤害最小化。

（3）公正（justice）：不区别对待（种族、阶层）；避免非潜在受益者做出牺牲。

另外，《贝尔蒙报告》还提出了许多操作性的规则，例如知情同意书、风险收益评估、公平选择被试等环节的执行建议。

相比《纽伦堡法典》对"自愿"的强调，《贝尔蒙报告》进一步考虑了那些不能完全自主表达自己意愿的病患，如儿童、智力低下或精神疾病者、植物人等，当他们成为医疗或医学研究对象时，也不能随意对待，而要考虑监护人的意见。特殊情况下，如果患者有特别的文化背景，还需要考虑相应社区或部族的意见。

当一个人表达"自愿"的时候，他未必真的充分理解了他的选择。由于缺乏背景知识，或者医生语焉不详，患者可能误解自己的境况，或低估了可能的风险。因此有必要引入更烦琐但更完善的确认程序，这就是"知情同意"的要求。也就是说，光"同意"是不够的，"同意"必须在充分"知情"的前提下发生。知情同意分为告知、理解、同意、检验等环节，医生或科研人员首先必须充分和详细地告知患者或志愿者必要的信息，并且要根据对方的理解情况加以补充，在充分理解并签署知情同意书后，还需要有第三方进行检验，确认签署者确实有充分的理解力和自主表达的能力。

"公正原则"是《贝尔蒙报告》的特色，在塔斯基吉梅毒试验中，黑人明显受到区别对待，试验的参与者以黑人为主，但黑人群体却几乎不能从该试验中受益。这类情况下，哪怕志愿者都是知情同意的，整个试验也不公平。这类情况其实并不罕见，比方说，一家药企的市场主要集中在欧美，但它可能到非洲去做人体试验，因为监管宽松和费用低廉。但这些试验的牺牲者和受益者是不对称的，第三世界的居民需要更多承担试验的风险，却必须滞后享受科技进步的成果，哪怕就人类总体而言试验是有益的，也需要进一步考虑不同人群之间的不公正问题。

《贝尔蒙报告》还强调了医生的保密原则，必须尊重患者或被试验者的隐私权。不过也列出了一些例外或灵活处理的情况，例如幼女堕胎时医生应向父母或警方报告；发现严重遗传疾病应告知配偶；严重的传染病需要向相关部门报告;患者有严重精神失常会引发破坏性行为时也应当报告等。

这些关键文本在不同方面对医生的行为进行了规范,强调了行医者的职责,成为构建现代医学伦理的重要框架和指导实践的重要依据。随着基因编辑和合成生物学等新兴技术的发展,这些文本仍然具有参考意义。不可否认的是,在面对新兴医疗技术的过程中,不能仅囿于之前的准则,而应借助已有文本和伦理原则,不断拓展和完善适应新技术的医学伦理规范。

第五节　伦理委员会制度

伦理委员会(Ethics Committee)是由医学和科学专业人士以及非医学领域人士组成的委员会,职责是对科研、临床实验以及医疗决策中涉及的伦理问题进行审查,以确保受试者的权益和安全。《贝尔蒙报告》也肯定了在《赫尔辛基宣言》中确认的伦理委员会制度,在医疗前线、医学科研机构和政府决策部门等不同层面上,都需要设立伦理委员会,提供审查、监督和建议。

伦理委员会的组成人员不仅要包括专业医学家和医护人员,也应当根据地方文化环境吸纳其他各类参与者,包括哲学家、伦理学家、神职人员/族长等。

在新版的《赫尔辛基宣言》中,对伦理委员会的要求如下:

(1)在研究开始前,研究方案必须提交给相关的研究伦理委员会进行考量、评论、指导和批准。该委员会的运作过程必须透明,必须独立于研究者、资助者和任何其他不当影响者,必须具有相应资质。该委员会必须考虑研究实施所在国的法律和条例,以及相应的国际规范或标准,但不得削弱或取消任何本宣言提出的对研究受试者的保护。

(2)委员会必须有监测正在进行的研究的权利。研究者必须向该委员会提供监测信息,尤其是任何有关严重不良事件的信息。没有委员会的考量和批准,研究方案不得更改。研究结束后,研究者必须向委员会提交包含研究结果和结论摘要的最终报告。

简而言之,伦理委员会必须透明、独立和具有专业性,兼顾国际共识和地方性特征。

当然,不同国家对伦理委员会有不同的要求:

美国要求伦理委员会至少由5人组成,包括至少1名科学家,至少1名非科学家,至少1名与机构无利益关系的人士。其中包括熟悉法律和行业规范的人。

　　欧盟要求伦理委员会包含 2 名有经验的非本机构的执业医师；1 名外行(lay person)；1 名律师；1 名医疗辅助人员(护士或药剂师等)。其中包括不同年龄段的男性和女性，反映当地社区的文化构成。

　　中国在《涉及人的临床研究伦理审查委员会建设指南(2023 版)》中要求："伦理审查委员会应由多学科专业背景的委员组成，可以包括医药领域和研究方法学、伦理学、法学等领域的专家学者。应该有一名不属于本机构且与项目研究人员无密切关系的委员(同一委员可同时符合这两项要求)。人数不少于 7 名。"①中国的要求额外规定了委员必须经过培训："所有委员在开始工作之前，应当经过科研伦理的基本专业培训并获得省级或以上级别的科研伦理培训证书。参与药物临床试验伦理审查的委员应按照要求获得国家药监局认可的 GCP 培训证书。委员应具有较强的科研伦理意识和伦理审查能力，应每 2 年至少参加一次省级以上(含省级)科研伦理专题培训并获得培训证书，以及参加科研伦理继续教育培训(包括线上或线下)并获得学分，其中 I 类学分应不少于 5 分，以确保伦理审查能力得到不断提高。"②

　　要求伦理委员会委员接受培训，这能够在很大程度上提升委员的伦理知识和职责意识。但是，这些培训课程似乎并不能完全保证伦理委员会发挥积极作用，很多时候伦理委员会形同虚设。

　　在 2013 年的文章中，邱仁宗评论了"黄金大米事件"显示出的伦理委员会问题。他说道，为了吸取教训，亟须加强对涉及人的研究和伦理审查委员会的监督管理。其中包括如何防范回避审查和监督，人员转移、试验地点转移；如何防范数据的捏造、篡改、窃取；如何防范隐瞒真情骗取受试者或受试者家长的同意；如何防范伦理审查委员会变成"橡皮图章"等。这也说明我们目前审查体系的一个缺点，几乎只做前瞻性的伦理审查，不做回顾性的伦理审查，一些研究人员千方百计通过伦理审查后就可肆意违反伦理规范进行研究，因为伦理委员会从不审查他们在研究方案通过审查后实际做得如何。③

　　黄金大米事件和贺建奎事件等案例的曝光，凸显了科研透明度的重要性，同

---

① 国家卫生健康委医学伦理专家委员会办公室、中国医院协会：《涉及人的临床研究伦理审查委员会建设指南(2023 版)》。

② 国家卫生健康委医学伦理专家委员会办公室、中国医院协会：《涉及人的临床研究伦理审查委员会建设指南(2023 版)》。

③ 邱仁宗，翟晓梅.有关机构伦理审查委员会的若干伦理和管理问题[J]. 中国医学伦理学，2013(5)：545-550.

时也推动了中国生物技术领域监管制度的不断完善。

　　毫无疑问,管制的宽松确实能够方便科学实验快速推进,但宽松的环境也让风险加速了累积,许多重大风险可能都在水面之下暗暗酝酿,直到引起不可逆转的影响才可能被发现。

　　近年来,中国积极加强伦理委员会建设,完善法律法规,推动科研活动在规范和合规的轨道上稳步发展。制度层面的强化保障了实验的合法合规性,同时促进了科研诚信和社会责任的落实。中国监管体系注重实质性的伦理审查和法律配合,既防范潜在风险,也确保一旦发生问题能够及时调查与追责,推动监督机制不断优化。特别是在生物技术和人工智能等前沿领域,伦理委员会面对更复杂的问题时,发挥了关键作用,有效保障了受试者的权益和公众的利益。

　　未来,随着科技的快速发展,中国将继续完善监管体系,提升伦理审查水平,推动科技创新与伦理责任协调统一,促进科技的健康可持续发展。

第七章
敬畏自然还是"扮演上帝"?

合成生物学的发展对传统"自然"概念造成了冲击,引发了对"自然""生命""扮演上帝"等概念的讨论。自然并非传统意义上的自然界,或与人工对立的存在,而是作为与文化不可分割的概念存在。因而,顺应和敬畏自然有了新的含义。此外,合成生物学并不意味着"人化为神",通过梳理对合成生物学"扮演上帝"的指责,有助于澄清合成生物学的意义。

第一节　什么是自然

前几章关于生物风险和生命伦理的讨论适用于包括合成生物学在内的所有生物科技领域。接下来我们专门针对合成生物学的突出特点进行讨论。合成生物学的最大特点在于对"边界"的打破——生命与非生命、自然与非自然、科学与技术、基础与应用等。

在第一章第五节"概念/哲学"问题中,我们对合成生物学对"自然"观念和"生命"观念带来的挑战进行了简单的分析,这里对"什么是自然"论题进行更为详细的阐释。传统上人们愿意对"自然"葆有感恩或敬畏之心,工艺(arts)是顺应自然的,技术则是对自然的否定,逆自然而行。在这方面,合成生物学似乎走向了反面,这一学科旨在"再造自然",把"自然"变成工程和制造的产物,把人置于上帝(造物主)的位置,从而凌驾于"自然"之上,这似乎是对"自然"的冒犯而非敬畏。

传统上的"敬畏自然"的情感仍有可取之处,但合成生物学的发展迫使我们重新思考"自然"的含义。一方面,如果"自然"意味着不受人干预的自我演化和发展状态,合成生物学则造出了"人工自然";另一方面,"造物"确实是合成生物学的主旨,但我们应当以人类的身份造物,而不该过度代入"上帝视角"。在莱布尼兹看来,自然是预先被安排的"先定和谐",能够根据上帝的安排自我运转。而合成生物学的到来,意味着人也有这种能够安排和谐的能力,但这并不意味着人"化身为神"。

"合成生物学"的定义并不统一,但在许多主流定义中,都蕴含了"自然"的概念。例如,在维基百科上,合成生物学被定义为"一个多学科的研究领域,旨在创造新的生物零件、装置和系统,或者重新设计已经在自然中发现的系统(systems that are already found in nature)"。[1] 欧盟委员会的定义是:对生物系统应用系统设计的工程范式,以生产可预测且强健的系统,使之带有在自然中不存在的新功能。

总的来说,合成生物学旨在模仿并超越自然。而"自然"究竟是什么呢？难道旨在超越自然的合成生物学不再属于"自然科学"的范畴了吗？

我们经常讨论的"自然"概念大致有以下几类用法。

(1)万物:一切客观对象(有时包括人类在内),作为整体性系统,例如自然界/自然科学。

(2)过程:未受人工干预的过程,例如自然演化/自然病程。

(3)原物:未被人工改造的事物,如岩石。

(4)本质:英文中表示本性的义项,"nature",例如人性(human nature)。

(5)涌现:一种比较古老的含义,表示自发的生长、欣欣向荣的萌发。

(6)野性:强调不受控制难以预测的特点,"wild",例如狂野的大自然、荒野。

从历史上看,"自然"是一个带有西方文化特色的词语,当然,中国古代"天""性""道""物"等字词也有相似的含义,但并没有凝结在"自然"这个词里面,现代汉语的"自然"一词是受到西学东渐影响重新确立起来的。

在希腊语中,"自然"的本义是表达自发的生长和涌现的现象,典型的就是花朵的绽放。后来它也用于指称生长、涌现背后的内在本性——花朵是出于某种内在的原则自发绽开的,这种内在的力量也叫"自然"。[2] 之后,自然也指代那些以内在原则作为主导的事物,区别于人工物。例如桃树是自然物,因为它的竖立主要是源于自身的本性,外部的因素(如浇水)扮演次要的角色;而桥梁不是自然物,因为它的建立主要是源于外在的因素(如工匠),其内在的因素(如石头的坚

---

① 参见 https://en.wikipedia.org/wiki/Synthetic_biology。

② 柯林武德.自然的观念[M].吴国盛,译.北京:商务印书馆,2018.

固性质)只是被工匠考虑的因素之一。

这种观念被亚里士多德总结和发扬，最终形成了《物理学》①(直译就是《自然》)的体系。这一体系把"自然"当作一个独特的研究领域，即"内在性领域"。这类针对"自然"的研究排除了人的意志的参与。这形成了后世"自然科学"的雏形，至于"为了人的利益，通过技艺违反自然地产生的"事物，则被纳入《机械学》的范围。这种二分法是在其他古代文明中很少见的思想范式。例如在中国古代，人们相信天人合一，天的运行牵涉到人的命运，并未形成完全脱离人事只针对自然物的研究方式。

自然与人工的界限随着现代科技的发展不断被割裂，自然成为认识的客体，人成为认识的主体，主体与客体之间相互对立。正是这种主体/客体的理解方式，使得自然成为现代社会发展的"资源宝库"，不断受到技术的剥削和压榨，从而引发了环境危机等问题。实际上，随着自然科学的发展，自然与人工的边界不断模糊。欧洲从中世纪的炼金术开始，"人工自然""模仿自然，超越自然"的思想就已经流行起来了。但二分法的思维方式始终没有完全被打破，并持续影响着科学与文化的发展。随着合成生物学的发展，从生命领域打破自然与人工界限，重新界定了"自然"和"生命"的含义。

第二节　自然的伦理意义

虽然自然与人相对立，但"自然"意味着上帝创造的存在，具有内在的合法性。许多人相信自然代表着某种更高或更原初的规范性，因而可以指导人的伦理和法律。自然规范规定了人的行为方式和社会运行的法制。因而，人要遵循自然的规范，社会模仿自然秩序建立起来。古希腊的斯多葛学派就已经形成了后来"自然法"雏形，他们在自然秩序与道德秩序之间建立了关联。"自然法"的思想后来与基督教神学相结合，形成了"天赋人权""自然权利"等概念。

在现代政治思想中，人的"自然状态"普遍被认作规范及其论证的基础，对"自然状态"的不同理解形成了不同的政治思想流派。例如，在霍布斯看来，人的"自然状态"是"所有人对所有人的战争"，在这种背景下孕育出所谓的"利维坦"；洛克认为人的"自然状态"是理性的，从而推演出人人平等的观念，他的名著《政

---

① 亚里士多德.物理学[M].张竹明，译.北京:商务印书馆，1982.

府论》副标题就是"论自然状态"；卢梭认为人的"自然状态"是完美的原始人，他们是朴素和善良的，而科学和技术的发展让人走向堕落；休谟提出了对因果性的怀疑，他自己的回答是回归"自然"，亦即尊重"习惯"。

直至今天，仍然有许多人喜欢援引"自然"来为某些伦理观念做辩护。比如，同性恋的支持者经常强调自然界中动物也存在同性恋现象，许多同性恋倾向是天生的（自然的）而不是人为形成的。似乎自然规范能够平息一些争论，给出"正确"答案。"自然世界的存在似乎是为了稳定、安抚、平息争论，从而使人们达成一致。"[1]

"自然"似乎是个可被"任意打扮的小姑娘"。因为"自然"是复杂多样的，我们既能从"自然"中找到合作共生，也能找到残酷厮杀。究竟强调哪一面相，取决于立论者自己的态度。

学者们也早就怀疑能否把"自然"看作规范性的来源。早在休谟那里就表达过类似的说法，即"实然不能推出应然"，伦理学家密尔发展了相关讨论。20 世纪的分析哲学家摩尔把相关问题总结为"自然主义谬误"[2]：

简单来说，"自然"大致有两类用法。第一种是指代万物，即什么都是自然的或者说都能被看作自然对象（如自然科学），这样的话怎么做都可以说是自然的，人的行动和文化都是自然的；而另一种用法是与人为的相对，这样的话人无论做什么都是非自然的，文化被看作是与自然相对的，非自然的。

从以上两种用法来看，第一种强调人的行为和文化本身就是自然的一部分，所以根本无所谓"顺应自然"；第二种强调了自然与人工（文化）之间的差异，那么这种差异永远存在，人类无论如何都是不可能回归自然的，所以，更谈不上"顺应自然"。[3] 结论是，"顺应自然"要么是句废话，要么不可能做到。

不过，上述论证没有考虑到"自然"的复杂含义，其所考虑的两类用法都是把"自然"看作某类"对象"的集合，但没有涉及非对象化的用法。例如"自然"还有本性、自发性（涌现）和复杂性（狂野）等含义，在这些含义中，"自然"与"不自然"并不需要非常清晰的界线。

① Latour B. Facing Gaia: Eight Lectures on the New Climatic Regime[M]. Cambridge: Polity Press, 2017.

② 霍尔姆斯·罗尔斯顿.环境伦理学：大自然的价值以及人对大自然的义务[M].杨通进，译.北京：中国社会科学出版社，2000.

③ 胡翌霖，唐兴华.取代上帝视角——环境伦理视域下的拉图尔盖亚观[J].自然辩证法通讯，2021(7)：43-49.

在主流的环境伦理学中，学者主张敬畏自然、尊重自然物的一个重要理由是，自然及其中的各种存在是有"内在价值"的，正如一个人的生命本身是有内在价值的，而不是必须把生命奉献给别的人或别的事情才有价值，一草一木的生长本身也是有内在价值的，不是必须化作资源被人利用才有价值。

我们可以把这种价值的"内在性"诉诸"自然"，在这个意义上"顺应自然"的意思是顺应人或生命的内在目的。

另外，我们也不妨从自发性（涌现）和复杂性（狂野）的角度上来理解"自然"，在这个意义上，敬畏自然的意思就变成了尊重人类知识的有限性，而不是把各种事物当作完全被动且绝对受控的操作对象。

第三节　　"自然"概念的解构

我们可以通过重新激活"自然"概念蕴含的内在性、自发性和复杂性等，从而让顺应自然、敬畏自然等提法更加言之有物。不过，"自然"这个概念毕竟牵涉过多，容易误解，我们可以考虑超越传统的自然观念，采用新的叙事。例如，著名学者布鲁诺·拉图尔呼吁用"面对盖亚"（发展自洛夫洛克的学说）来取代类似"回归自然"的口号。拉图尔对传统自然观的解构及其重构是深刻而有力的，下面将详细引介拉图尔的相关学说。

在拉图尔看来，正是现代人制造出"自然"与"社会"二分对立的概念，使得"自然"异于我们自身，成为我们认识的对象和行为的准则。"自然"总是和科学绑定在一起，具有确定性和权威性。但是，这种与社会和文化割裂的"自然"根本不存在。"现代人强调的自然概念空洞且庞大，我们永远不可能生活在其中，它只能是一种理想形式，不可能是一种生活状态。"[1]

因此，拉图尔认为，"自然界"（natural world）和"自然法"（natural law）之类的概念，并不适合"促进共识"，反而只会破坏讨论，变成纯粹的立场之争，乃至引发挑衅与仇恨。[2] "回归自然"只能作为一个挑衅对手的口号，并不能真的为争执各方找到一个随时可以返回的公共平台。

---

① Latour B. On a possible triangulation of some present political positions[J]. Critical Inquiry, 2018, 44（2）:213-226.

② Latour B. Facing Gaia: Eight Lectures on the New Climatic Regime[M]. Cambridge: Polity Press, 2017.

在拉图尔看来，类似"回归自然"的主张往往会引发某种恐慌：难道要我们返回野兽状态吗？[①] 难道要否定全部人类文化吗？如果人类文化与自然总是对立的，那么"回归自然"就毫无意义。只能把"文化"看作某种有时要遵循自然（比如反对污染时）而有时又要反自然（比如反对野蛮时）的东西。于是伦理学家只能说"在该遵循自然的时候遵循自然"，衡量标准归根结底取决于伦理学家的好恶，而不能直接从"自然"那里获得答案。

实际上，"自然"并不是一个可以提供仲裁的法官或法庭，它只是一个抽象概念，或者按拉图尔所言，只是"半个概念"——是"自然/文化"这个由对立的两面构成的完整概念中的一面。[②] 而自然与文化也并不对立，它们本就是一块无缝的布，我们在生活中处理的都是这同一块布上的内容。我们不可能将"自然"抽离出来进行讨论。随着"人类世"[③]的到来，更加印证了自然与文化的统一性。

这一思路其实是拉图尔一以贯之的，他早在《科学在行动》中就努力厘清"自然"这一概念在争论中扮演的角色。当时他讨论的是在自然科学研究中，人们实际是如何援引"自然"的。

拉图尔发现，在实际的科学争论中，"没有人能以如下方式介入这场争论……'我知道它是什么，自然这样告诉我的。它是氨基酸序列。'这样的断言将被报以哄堂大笑，除非这个序列的拥护者能出示他的图表、提出他的引证、提供他的支持来源"[④]。

"自然就好像是中世纪的上帝，她在两个争辩者之间进行仲裁的办法，就是让无罪的一方获得胜利。"[⑤]简言之，"自然"只是一种"名义"，一个"桂冠"，争论的胜利者有权戴上这一标识物，成为自然的代言人。但在争论悬而未决时，"自然"这个概念毫无帮助，因为谁都可以宣称自己站在"自然"一边。这种对"自然"的解构当然不只适用于科学议题，"自然"概念在环境议题中扮演的角色也是类似的。

① Latour B. Facing Gaia：Eight Lectures on the New Climatic Regime[M]. Cambridge：Polity Press，2017.
② Latour B. Facing Gaia：Eight Lectures on the New Climatic Regime[M]. Cambridge：Polity Press，2017.
③ 强调人类的行动已经不可逆转地成了影响地球的关键力量。
④ 布鲁诺·拉图尔.科学在行动：怎样在社会中跟随科学家和工程师[M].刘文旋，郑开，译.北京：东方出版社，2005.
⑤ 布鲁诺·拉图尔.科学在行动：怎样在社会中跟随科学家和工程师[M].刘文旋，郑开，译.北京：东方出版社，2005.

进而，拉图尔以微观人类学的方法，探究科学知识的实际建构过程——科学家不是依照所谓的"自然"进行研究的，他们依照的是图表、数据和印刷品。"只有当科学家停止看自然，并且专注并沉迷地看着印刷品和平整的铭刻（inscription）时，他们才开始看到东西。"①

拉图尔经常被归入"社会建构论"的阵营，但他自觉和一般的社会建构论划清界限。拉图尔发现社会建构论者和科学主义者一样，秉持某种抽身世外的客观主义视角。这种超然视角在处理一个微观的实验室研究案例时显得卓有成效，但是在面对环境议题时，其困境就暴露出来了。

在"人类世"，地层和大气的成分事实上在很大程度上表现为人类活动的结果，但是一般的"社会建构论"并不能驾轻就熟地沿用他们的解构方法。拉图尔问道："'社会建构论者'坚决表明科学事实、权力关系、性别不公之类的事情……（仅仅是）人类制造出来的历史故事，但他们敢针对大气的化学组成说同样的话吗？"②

在这个时代，科技高速发展，人类的力量空前强大，因此造成的包括环境危机、生物安全问题等挑战，把全人类的命运都卷入其中，没有人能够在这种危机之下事不关己超然于外。许多问题迫切地呼唤人类采取及时的行动，但人类的争论从未休止。而"自然"或"社会"这类空洞概念并不能裁决争论。那么，如何凝聚人心，动员人们积极行动呢？这就是拉图尔要煞费苦心地引入"盖亚"这一新概念的原因。一方面，拉图尔通过盖亚观念延续着他对"自然"概念的解构，另一方面他更试图建构起一个替代方案，用新的概念来指引人们积极行动。和"自然"一样，"盖亚"也并不是一个现实的法官或标尺，她也无法化解争论。但是，这个新神话试图在人们的意见无法取得"统一"的前提下，激励那些各自为政、各说各话的团体互相"联结"。人们无须团结成为一个浑然一体的完美球体，而是可以形成一种"网络"状的、去中心化的协作方式。

---

① Latour B. Drawing Things Together[C]// Dodge M, Kitchin R, Perkins C. The Map Reader: Theories of Mapping Practice and Cartographic Representation. New Jersey: John Wiley & Sons, Ltd., 2011.

② Latour B. Facing Gaia: Eight Lectures on the New Climatic Regime[M]. Cambridge: Polity Press, 2017.

第四节　非整体论的整体性

不可否认的是,拉图尔借用"盖亚"概念也同样容易引起误解,最大的误解就是把盖亚理解为一个作为整体的神圣生命体。对此,拉图尔也经常澄清。

在《如何保证盖亚不是整体之神》[①]一文中,拉图尔回应了地球系统科学家泰瑞尔对洛夫洛克盖亚假说的批评。拉图尔认为,泰瑞尔虚构了一个靶子,把洛夫洛克的盖亚看作科学意义上需要被证实的某种整体,然后抨击洛夫洛克对这一整体的能力过度神化的倾向。

然而,拉图尔认为,洛夫洛克的盖亚假说固然有模棱两可之处,但泰瑞尔采取的是最肤浅的解读方式,忽视了洛夫洛克更深刻的一面。拉图尔说道,洛夫洛克思想的深刻之处是,"在定义有机体时不需要预先设定某个统一的整体,这种非整体论的联结性(connectivity without holism),恰恰与泰瑞尔反对他的说法相反"[②]。在《面对盖亚》中,拉图尔明确指出,洛夫洛克所直面的问题彻底被他的批评者们回避了,这个问题即"如何遵循并非作为整体的联结"。

"只有一个盖亚,但盖亚不是'一'。"[③]盖亚是某种反整体论的整体,听起来不容易理解,但其实并不荒谬。关键在于,这种整体观是来自一种超然的视角,还是在整体之内互相联系之间形成的观念。整体论的整体观预设了一个超然的整体存在,这个整体是存在于我们之上的,作为我们活动的前提存在。而拉图尔强调的整体性不是一种超然视角下的整体,而是蕴含在我们之中,和我们紧密联系的,在这种具体的行动中激发起具有整体性的行为。

例如,我是某个村庄或家族的成员,我体会到自己是"全村人的希望",感受到"整个家族的命运",这种意义上的"整""全"的观念,并不要求一个超然物外的统摄视角,而是可以从我和各个其他成员之间休戚相关的联系之间得出这种整体认同。而一个与全村人没有什么联系的人,比如人口统计者或人类学家,也可

---

① Latour B.How to Make Sure Gaia is not a God of Totality? With Special Attention to Toby Tyrrell's Book on Gaia[J]. Theory, Culture and Society, 2017, 34(2-3): 61-82.

② Latour, B.How to Make Sure Gaia is not a God of Totality? With Special Attention to Toby Tyrrell's Book on Gaia[J]. Theory, Culture and Society, 2017, 34(2-3): 61-82.

③ Latour B. Facing Gaia: Eight Lectures on the New Climatic Regime[M]. Cambridge: Polity Press, 2017.

以在另一个维度上发现"整个村子"，他可以把整个村子作为"一个标记"，写在研究报告中，考察这个整体的各项数据。

拉图尔认为，"盖亚"应当是前一种形象，即在各人群、各物种和各地理环境之间的广泛联系下，形成的整体观念；但不应当是后一种形象，即从某个更高的外部立场俯瞰而来的整体观念。

上述超然的人类学家视角仍是合法的，因为确实可以有人站在村子之外观察村子。但问题在于，超然于盖亚之外是不可能的，因为人类囿于大地，几乎不可能脱离盖亚独立生活。即便借助卫星拍摄整个地球的照片，人们仍然只能在咫尺小室之内做观察。

拉图尔认为，盖亚的观念之所以难以被理解，最大障碍就是经常混淆于"蓝色星球"的形象。当人们说起作为整体的盖亚时，他们往往一边用双手比画一个圆形，一边想象蓝色星球的照片。也就是说，"他们想象着自己仿佛从外部看着地球"。严格来说，这种整体观是"从无处观看（view from nowhere），或者从办公室观看电脑屏幕"①。

这种客观、无私、漠不关心的"外部立场"是可疑的。把地球看作一个统一的机械系统固然是失之偏颇的，但是把地球看作一个统一的、庞大的生物体，这同样也是危险的，因为这同样也依赖着某种外部视角。拉图尔认为，为了对抗更加根深蒂固的机械隐喻，洛夫洛克的盖亚假说更容易滑向"地球生物体"的观点。而洛夫洛克经常有意抵制这种生物体隐喻，这并不是要向机械隐喻投降，而是在小心翼翼地避免任何一种整体论的隐喻。"任何关于巨型复合行星超级生物体的想法都应该像机器的神话一样受到抵制"②。因为这种观点预设了一个统一的整体观，预设了一个与万物无涉的上帝视角，脱离了实际生活中与事物的联系。

拉图尔问道：当你宣称自己拥有某种全局（全球）观点（global view）的时候，你在哪里呢？你穿着什么衣服，呼吸着什么空气，在进行这种观察呢？——"没有人曾经生活在无垠的宇宙中。而且没有人曾经生活在'自然中'。他们惧怕在无垠的宇宙中游荡，而总是在一间温暖的办公室中的两三平方米的区域内借着

① Latour B, Lenton T M. Extending the Domain of Freedom, or Why Gaia is So Hard to Understand[J]. Critical Inquiry, 2019, 45(3)：659-680.

② Latour B, Lenton T M. Extending the Domain of Freedom, or Why Gaia is So Hard to Understand[J]. Critical Inquiry, 2019, 45(3)：659-680.

舒适的灯光凝视一个小小的地球仪。"①我们永远不可能生活在抽象的、空洞的自然中。"这样一个自然概念实在是太庞大了，根本没有办法生活在其中，感受到任何形式的保护。这就是为什么自然主义永远不可能是一种生活形式，而只能是一种理想。"②

要害不是把地球看作什么，而是从哪里看。"从自然中看"实质是"从无处观看"，这从来不是生活中的人的视角，而是理想中的上帝的视角。

实际生活是地方性的（local），拉图尔主张用地方性的视角理解盖亚。在探究盖亚中行动者的关系和合成模式的过程中，拉图尔同样也反对所谓的全球行动（act globally）。"换句话说，盖亚在很大程度上是一个拼凑物（patchwork），而不是一个统一的王国、球体、区域或实体。"③人类的行动都是针对我们所生活的周围世界展开的。我们不断地在和世界互动中拓宽联系，采取行动。

当然，即便是当地的行动，最终也会形成一个整体的趋势。我们能够互相保留差异，保留各自完全不同的视角，在差异中进行联结。特别是"人类世"将我们带到新的休戚相关的命运下。

我们生活在"人类世"，人、技术与自然之间错综复杂的纠缠在一起。这一新的变化要求我们用"全球"视野理解世界，这种"地球转向"意味着我们要在更多元和复杂的情境下理解我们的行动。这种"地球转向"并不意味着要超越自身生存环境，从上帝视角看待如今的一切。恰恰相反，"人类世"要求我们摒弃上帝视角，回归生活状态，从生活状态出发的共同行动和复杂联结。

在拉图尔看来，盖亚假说的关键并不在于用有机论替代机械论、用整体论替代还原论。根本在于我们既破除了超然的上帝视角看待我们和地球，又允诺了地方行动和整体性的存在，探究了行动者不同的合成模式和之间的关系。拉图尔在维护洛夫洛克的盖亚假说的过程中揭示了其中所蕴含的"上帝视角"；接着，他要从西方思想史中追究上帝视角的根源。

①　Latour B. Facing Gaia：Eight Lectures on the New Climatic Regime[M]. Cambridge：Polity Press，2017.

②　Latour B. On a Possible Triangulation of Some Present Political Positions[J]. Critical Inquiry，2018，45（3）：213-226.

③　Latour B，Lenton T M. Extending the Domain of Freedom，or Why Gaia is So Hard to Understand[J]. Critical Inquiry，2019，45（3）：659-680.

第五节　破除上帝视角

上帝视角在思想史中根深蒂固，从柏拉图开始，经过中世纪经院哲学，始终潜伏于西方人的世界图景之中。早在哥白尼之前，中世纪的地心宇宙图景就面临这个深刻的悖论。拉图尔引用德国哲学家彼得·斯洛特戴克的观点，揭示出这一影响深远的冲突，即"双中心主义"（bifocalism）①。

"双中心"是指地球与上帝：一方面地球位于宇宙的中心，但另一方面伟大的上帝不可能位于边缘或角落之处，这就造成绘制世界图景时的根本困难——当人们把一个球形地球绘制在一个球形天球中央时，上帝的位置无处安置。

神学家把上帝中心（theocentric）与地球中心（geocentric）重叠在一起，正如斯洛特戴克所说，"上帝即球体"（Deus sive Sphaera）②。上帝并没有被画在球体旁边，在某种意义上重叠在球体之上，与球体同时位于中心，这个中心潜藏在画纸之外，恰恰是使得球体成为球体的前提。

观察对象占据了画卷中心，从而把观察者隐匿于画卷之外。这种双中心主义非但没有被哥白尼瓦解，反而因为绘画的透视法而得到巩固。拉图尔分析了西方绘画所发明的这种"主体—客体"互相确立的对应关系。③ 隐藏在画布外部的观察点构成了绘画的真正"中心"。通过透视法，主体的位置被预先固定的同时，客体也被预先固定为可计算的静态对象，从其背景和联系中剥离出来。

双中心主义支配着主客二分的思维图式，在这种图式中客观对象与观察主体构成密不可分的一对，但其中一半（主体）却不得不潜藏于外。这就是为什么延续了双中心主义的现代科学不能容纳"反身性"。在现代科学的世界图景中，小到原子大到星系，都可以被描绘为客观的图像，唯独观察者实际进行观测和写作的地方——"教室，办公室，实验室工作台，计算机中心，会议室，探险队和野外观测站……"④——必须被藏匿在幕后。一旦主观位置与客观对象同时出现在一幅图景中，就会发生不可忍受的冲突，客观世界的圆满性被破坏了。而我们仍然

---

① Latour B. Facing Gaia: Eight Lectures on the New Climatic Regime[M]. Cambridge: Polity Press, 2017.

② Latour B. Facing Gaia: Eight Lectures on the New Climatic Regime[M]. Cambridge: Polity Press, 2017.

③ Latour B. Facing Gaia: Eight Lectures on the New Climatic Regime[M]. Cambridge: Polity Press, 2017.

④ Latour B. Facing Gaia: Eight Lectures on the New Climatic Regime[M]. Cambridge: Polity Press, 2017.

延续着柏拉图的执迷,即梦想拥有整体和完全的知识①,所以我们只想在理论视野中看到完美无缺的球体,因此必须要把暴露出局限性或相对性的"另一个中心"隐藏起来。在拉图尔看来,我们从未绘出真正的全局图景,也从没有人可以与全能的上帝并肩站立。拉图尔的观点并不意味着对人类已有知识和获取知识能力的否定。他一直否定的都是我们能够在全局视角上对知识的把握。这一观点对于当下的科研工作也具有启发作用。我们在进行科研的过程中要谨慎推进和全面考量。

拉图尔的盖亚理论试图在破解这种整体主义神学的同时,依旧承认事物间的普遍联系。拉图尔认为,洛夫洛克始终努力区分两个完全不同的维度:普遍的联结与整体的调节②。

拉图尔认为,洛夫洛克的批评者们试图剔除盖亚假说的神性,仅保留客观的科学成分(地球系统科学),但在某种意义上他们反而在西方神学传统中泥足深陷,因为他们仍然默认了一种对"整个地球系统"通盘考察的上帝视角。拉图尔自问:"我正在吹毛求疵地指责泰瑞尔教授是一个伪装的神学家吗？是的,当然。"③拉图尔认为泰瑞尔自诩科学,实际是幼稚的神学视野,与洛夫洛克的世俗的、地上的(terrestrial)、创新的视野形成鲜明对比。④

拉图尔认为,真正的分歧从来不是科学与神学之间的对立,而是同时贯穿于科学和神学之中的两种观点之争。整体论的科学家和整体论的神学家更为接近,无论是信奉"自然"的人还是信仰"创造"的人,"都把世界纳为整全(toto),仿佛存在一个真实的位置能够'从无处观看',提供着舒适的座位和良好的视角"⑤。

我们当然可以想象自己站在虚空之中观察地球,但是想象的维度不能与现实的处境相混淆。如果虚构仅仅被理解为虚构,当然是无害的,但如果虚构的视角反而被理解为唯一的客观性,反过来驱逐和遮掩切身视角的呈现,这就是危险的事情了。

在旧时代,依靠个别虚构的神话的确能够凝聚人心,但是在"人类世"的新时代中,我们不再能够以神权时代方式建立政治秩序。在呼唤新的政治秩序之前,我们需要戳破旧的神话,建立新的图景。"盖亚尽管有一个神圣的名字,但却没

① Latour B. Facing Gaia: Eight Lectures on the New Climatic Regime[M]. Cambridge: Polity Press, 2017.

② Latour B. Facing Gaia: Eight Lectures on the New Climatic Regime[M]. Cambridge: Polity Press, 2017.

③ Latour B. Facing Gaia: Eight Lectures on the New Climatic Regime[M]. Cambridge: Polity Press, 2017.

④ Latour B. Facing Gaia: Eight Lectures on the New Climatic Regime[M]. Cambridge: Polity Press, 2017.

⑤ Latour B. Facing Gaia: Eight Lectures on the New Climatic Regime[M]. Cambridge: Polity Press, 2017.

有继承任何一种政治神学。"①盖亚假说首先要瓦解的就是同时贯穿在西方科学与宗教传统中的隐匿的上帝视角，让人们"回到大地"，坐在自己真实的位置上思考和交流。

第六节　"自下而上"而非 "自上而下"的理解和行动

在拉图尔看来，盖亚并不是整个地球（globe），而是大地（earth）。将盖亚看作地球要求一种从虚空中观看的上帝视角。前文已经阐明，拉图尔认为我们不能用上帝视角看待盖亚，而是要用新的视角描绘盖亚的面貌。

盖亚是大地之神，西方语言中大地（earth）一词经常被翻译成"地球"，但在拉图尔这里必须谨慎区分，两个概念是不能互换的。拉图尔说得明白："如果某个人把大地（earth）看作地球（globe），他就总是把他自己当成了上帝。"②

但如果大地不是"球"，我们应该如何构想它的形象呢？难道拉图尔主张某种天圆地方式的古老图景吗？当然并非如此。事实上，拉图尔煞费苦心地描绘出一套崭新的"构图法"。

我们不能期望盖亚视角下的世界图景像柏拉图的球体那样呈现出一致性、精确性和完满性，这些奢求恰是亟待破除的迷信。也就是说，盖亚图景必须保持某种含混性，不可能像一个球那样被"一目了然"地通盘把握。

盖亚视角并非出自"无限远之处"，而是出自每个观察者各自的实际处境，于是，盖亚图景必然又将是多样化的，每个人基于不同的出发点都能绘制出独特的盖亚视图。

拉图尔指出，洛夫洛克并没有把盖亚当作万能的实体，她首先是一种"心理图像"（mental picture），一种便利的方式，来理解事物的运转方式。③ 盖亚并不预先设定一个现成的图像，而是指引着每个人根据自身的生活情景动态地绘制她的图像。

① Latour B.How to Make Sure Gaia is not a God of Totality? With Special Attention to Toby Tyrrell's Book on Gaia[J]. Theory, Culture and Society, 2017, 34(2-3): 61-82.

② Latour B. Facing Gaia: Eight Lectures on the New Climatic Regime[M]. Cambridge: Polity Press, 2017.

③ Latour B. Facing Gaia: Eight Lectures on the New Climatic Regime[M]. Cambridge: Polity Press, 2017.

如前文所述，盖亚的面貌，既不是机械论的，也不是某种巨型生物体，而是某种去中心化网络联结的图景。这种图景显然不具备整体的统一性，但却能由地方性激发出统一行动。

这个过程不是一蹴而就，而是一个由地方到整体行动再到地方的不断构造循环的过程。拉图尔指出，要在不预设整体的情况下，在行动者之间建立联结，唯一的途径是"某种以循环的方式不断返回自身的运动"①。被古老的双中心主义所藏匿的主体挺身而出，成为回旋的中心。

没有人能一下子就取得超然万物的视角，事实上，每一个人的世界图景的绘制都是一个不断往复的历史过程。例如，村庄中的一个村民，也不可能出生就把握到"全村"的图像，他更不是预先掌握了一个整体图像，然后才与整体中的一个又一个成员打交道的。一个外来的人类学家有可能以预先了解整体的方式逐渐深入内部，但一个原本就扎根于共同体之内的人不可能这样做。他总是一圈一圈地向外扩展自己的联结，首先意识到自己父母或家庭的休戚一体，再扩展到邻里亲友，有时候在冲突之下再度退缩回更小的圈子，有时候在突发灾难下又迅速进入更大的集体。如此每个人都以自己为中心扩展出一圈一圈的联系网，关于全家、全村、全国之类的"全体"意象才逐渐牢固。

拉图尔认为，最至关紧要的，正是这种"理解的次序"——"渺小的人类心灵不该一下子就穿越到全球的范围……相反，我们必须封闭自己，滑落到大量的循环之中，逐渐地、一步一步地，认识我们所生活的地方，和我们所需要的大气环境……"②气候危机虽然迫在眉睫，但正因为如此，这种束缚与缓慢才更加重要。因为只有这样一环一环细细编织起来的联结，才能形成牢固的行动者网络，促进休戚相关的人类的一致行动。

拉图尔在《给表面以深度——关键区域之盖亚绘图练习》③一文中，细致地展示了一种有别于传统的上帝视角的球形图像的绘图方法。他翻转了地核与大气层，把对所有生物最为重要，联系最为紧密的"大气层"放在图像的中心，而把对地表生物而言陌生和遥远的地心和地幔放置在边缘的位置。

这一图像只是一次"练习"，而不是说必须要以这种模式绘制盖亚视图。所谓中心位置并不一定指"大气层"，对于不同身份的观测者，应当根据不同位置的

①　Latour B. Facing Gaia：Eight Lectures on the New Climatic Regime[M]. Cambridge：Polity Press，2017.

②　Latour B. Facing Gaia：Eight Lectures on the New Climatic Regime[M]. Cambridge：Polity Press，2017.

③　Arènes A，Latour B，Gaillardet J. Giving Depth to the Surface：An Exercise in the Gaia-graphy of Critical Zones[J]. The Anthropocene Review，2018，5(2)：120-135.

"观测点"，以不同的"次序"来绘制自己的视图。水文学家可能以水域为中心，农民可能以农田为中心。每个人都有权，也都应当从自己最切身的处境出发来观察一切。但这些地方性的、主观性的视野通过广泛的交流重叠在一起，在反复的交流下扩展各自的边界，相互妥协共存。

盖亚视角联结了事实与价值，但并不是在上帝视角的绝对事实与普遍主义的价值观之间建立联系，而是在网络的每一个节点的回旋运动之间，勾连起事实与价值。对事实的观察将影响伦理取向和政治行动，但这种影响并不预设某种全球的、全局的共识先行存在。

盖亚视角并不能直接绘制出一整套未来的全球政治构架，但这种思想在某种更基础的层面上，为政治体制的改革提供了激励和指引。就好比现代科学的"自然观"通过"自然法"和"天赋人权"等基础概念推动了现代政治秩序的形成。一种颠覆传统自然观的盖亚观，当然也有可能为"人类世"的新政治秩序提供支持。这种"盖亚政治"至少可能支持人们重新确定各自的领地，以新的方式来定义自我利益。① 没有人有资格"掌控全局"，自上而下的权威主义被消解了。拉图尔认为，"如果民主制必须重新开始，它必定要从底层出发"。②

总之，拉图尔的盖亚理论是反整体论的，但更准确地说，拉图尔反对的是自上而下俯瞰万物的上帝视角。相反，拉图尔试图号召每一个行动者从自身出发，自下而上地建构新的共同体秩序。

第七节　合成生物学与"扮演上帝"指责

拉图尔对盖亚政治的想象或许是过于天真和简单的，不过他对传统自然观念和上帝视角的批判值得借鉴。在这个意义上，我们也可以重新来讨论对合成生物学的"扮演上帝"（playing God）③的指责。

"扮演上帝"这一指责最初可以追溯到 1931 年对《弗兰肯斯坦》中疯狂科学家的抨击，近年来经常用于抨击医学、基因工程和合成生物学，同时也出现更多正面主张——一些合成生物学家宣称"我们就是要扮演上帝"。

---

① Latour B. Facing Gaia：Eight Lectures on the New Climatic Regime[M]. Cambridge：Polity Press，2017.

② Latour B. Facing Gaia：Eight Lectures on the New Climatic Regime[M]. Cambridge：Polity Press，2017.

③ Odongo J，Elizabeth C，Francis O，et al.Synthetic Biology Industrial Revolution，Social and Ethical Concerns [J]. International Journal of Research and Innovation in Applied Science，2019(8)：47.

有学者认为"扮演上帝"的论证"前提是承认上帝的存在"。实际上未必如此，扮演上帝的指责者和被指责者并不一定是宗教信徒，在这里，"上帝"可以是一个公共的文化概念。例如，我们可以说某人"学习愚公的精神"，某人为虎作伥（扮演伥鬼的角色）……我们显然知道愚公移山是一个虚构的故事，伥鬼也并不存在，但扮演愚公和扮演伥鬼都是言之有物的说法。

我们很容易理解指责一个人在"扮演上帝"大概是什么意思，无非意指他代入了某种高高在上的立场，相信自己的掌控力，因而用上帝视角看问题，或者说把自己看作全能的主宰者，因而忽略自然的涌现性和复杂性。

合成生物学发展引发的"扮演上帝"的指责，主要集中在创造生命、人类中心主义倾向以及技术的不可控性等方面。首先，生命一直被看作自然的过程，自然则是上帝所创造的，只有上帝拥有创造生命的权利。而合成生物学的发展，意味着人类也有创造生命的权利，人能够根据预定的目标设计和构建新的生物体，这是对自然秩序和上帝权威的挑战。其次，合成生物学的发展背后蕴含着人类中心主义的视角，人类不仅有权利创造生物体和新的物种，更是有"自信"能够在打破生态平衡之后，构建新的生态秩序。最后，人类的认知是有限的，技术发展也是不完全能够被掌控的，我们对技术发展的结果并不能完全知晓。因而，很难估算技术发展将会带来什么后果。合成生物学更是在难以预料技术带来的后果情况下发展，存有"扮演上帝"的全知的嫌疑。

我们可以重新诠释"应敬畏自然，不应扮演上帝"这样的呼吁，它可以具有以下含义：承认人的有限性；欣赏事物的丰富性和多样性；对意外和失控有所准备；行动时尽可能留有余地并对行动的后果承担与自身能力相匹配的责任；反对自上而下的独断，支持并参与自下而上的民主决策。

此外，我们要警惕对"敬畏自然"和"扮演上帝"的刻板理解，如果我们用现成化、对象化的方式来理解"自然"，把"自然"简单地理解为在人类干涉之前就存在的一切事物，这样的话不但合成生物学的所有工作都是反自然的，甚至所有的人类事业都将受到指责。

合成生物学强调"造物"，但生物学家并不一定要"像神一样创造"，而是可以"像人一样创造"，人的意志是自由的，人是有能动性的，但也不能随心所欲、肆无忌惮。这就涉及人的"自由"的问题，如何确定"自由"的边界也是科技伦理的重要问题。

第八章
科学、技术与自由

现代社会,科学与技术的发展塑造了人的行为方式,改变人的生活方式。现代科技相对于传统"技艺"而言,具有不同的特征。实际上,科学与技术也不完全等同。现代技术并不是中立的工具,而是负载价值的。同样地,科学研究也不是某些人认为的中立的、客观的活动,而是受到社会的深刻影响。对于科学研究,必不可少地要讨论"自由",对这一问题的探究,有助于引发我们思考如何负责任地推动合成生物学发展。

第一节　现代技术的新特征

在之前的讨论中,我们笼统地使用"生物科技""科技伦理"等概念,暗示科学与技术的嵌合关系。但是,科学与技术的含义和关系是历史性的,科学与技术的紧密结合是工业时代的特征,而以合成生物学为例,科学与技术的互动方式正在发生新的变化。

首先我们来看现代技术的特征。下述特征,古代技术要么没有,要么不具有普遍性。

(1)双重性。技术通常是"双刃剑",好的效果总是伴随坏的效果,技术在带来积极便利的同时也蕴含着风险和挑战。这一特征古代技术倒也存在,但在当代前沿技术中表现得更加显著。现代技术有提高人类生活质量、生产效率和健康保障的一面,同样也有给人类生活带来风险、污染环境等坏的一面。这两个面向正如硬币的正反面,是"一体两面"的,例如,研究病毒和研制疫苗的技术同样能促进生物武器的开发。

(2)全局性。这是"人类世"技术的关键特征,古代技术的影响是局部的、缓慢扩张的,而许多现代技术一旦推广使用,技术的影响很难被局限于特定区域。例如:原子弹的放射性痕迹遍布全球,成为地质学标志物。地球上到处都是放射性痕迹,这些痕迹进入大气、陆地、树木年轮和海洋,嵌入沉积物和冰川中,分布广泛且均匀,成为地质记录的一部分。"生活在 20 世纪 50 年代和 60 年代初的所有人,甚至远在塔斯马尼亚岛或者火地岛的人,他们的牙齿和骨骼中都带有冷战核武器计划的烙印。"[①]在生物技术方面,不可逆的全局扩散也非常明显,例如 DDT 已在包括南极和深海的各地生物中有所沉积。杜德娜也提到,如果"一只果蝇在第一次基因驱动实验时逃逸,它可能已经把……性状,传播到了全世界 20％~50％的果蝇里了"[②]。互联网和信息技术更是在世界范围内发挥作用,带来了全球性的知识共享和协作,改变了全球的生产方式和消费模式,"地球村"正式出现。

　　(3)不确定性。除了可预估的风险之外,技术可能在超出预计的领域造成不可预料的风险,很难预先评估。除了可知的未知之外,有许多风险可能是我们不知道的。现代技术的全局性和复杂性意味着技术后果的不可预测性。我们现有知识的局限性意味着可能无法对技术形成全面的认识,尤其是不能对技术产生的效果进行全面的把控,这需要长期的检验才能发现技术的影响。另外,技术在全球化扩散和迭代的过程中也存在不确定性。例如:作为制冷剂的氟利昂会造成臭氧空洞;作为农药的 DDT 在食物链中富集。许多技术风险不仅难以预料,甚至连其发生的范围都难以预知。

　　(4)不可逆性。更糟糕的是,无论是技术对自然和社会的积极影响,还是负面的、全局的、不确定的后果,一旦发生,在许多时候都是不可逆转的。现代技术的应用可能会对环境造成永久性的影响,这种影响很难修复,正所谓污染容易治理难。目前存在的环境污染、资源开采等是对现代技术这一特征的最好回应。此外,现代技术的全球传播和应用使得技术不会局限于某一国家或地区,这意味着技术一旦产生负面效果,将会对全球造成影响。而且资本和注意力更容易聚焦于研发新技术,而不是治理旧技术的有害影响。例如,核武器的扩散、环境危机都是难以逆转的。

---

　　① 约翰·R.麦克尼尔,彼得·恩格尔克.大加速:1945 年以来人类世的环境史[M].施雱,译.北京:中信出版社,2021.

　　② 珍妮佛·杜德娜,塞缪尔·斯滕伯格.破天机:基因编辑的惊人力量[M].傅贺,译.长沙:湖南科学技术出版社,2020.

（5）非中立性。技术并非单纯的工具和手段，并非价值中立，而是蕴含特定价值尺度或要求新的价值观念。技术的设计、应用和影响体现了人的价值取向、利益导向和文化偏向。这种价值偏向与"双刃剑"不同，双刃剑指的是某一技术可以有益也可以有害，但技术的"价值负载"意味着"有益-有害"的价值尺度本身也会因技术的更新而变化。例如：生命维持技术重新定义生死概念；体外受精技术重新定义亲子关系；转基因耐药作物有利于组织化农业；基因编辑把不幸变成不公……

现代技术所具有的新特征不同于以往，正是现代技术的特立独行推动了现代社会的快速变革和发展，给我们带来了丰富的现代生活，但同时也带来了复杂的社会问题和伦理问题。这就要求我们全面分析现代技术的含义和特征，在技术和社会发展中寻求平衡。

第二节　打破技术中立论

一般而言，技术工具论是通俗的技术定义，将技术看作是人的工具或者技术是行动的手段。"技术是用来服务于使用者目的的'工具'，技术是'中性'的，没有自身的价值内涵。"[①]这预设了技术本身不包含任何价值，仅仅作为工具发挥作用。技术以物体的形式出现，如锤子、斧头等，技术与人的关系是外在的关系。正如我们常使用的一个例子，我们说一把枪可以用来杀人，也可以用来保卫家乡和平，究竟是用枪来杀人还是保卫这并不由枪决定，而是由使用枪的人决定。因而，作恶或者作善的不是工具，而是人。技术工具论意味着技术是中立的，不蕴含价值。但是，我们想问的是，技术真的是没有价值、中立存在的吗？

接下来，我们就重点讨论一下技术的中立性问题。技术哲学家兰登·温纳有一篇著名的论文《人造物有政治吗？》，讨论了政治倾向如何固化在技术人工物之上。

温纳说道："我们习惯上将技术看作是中性的工具，可以被用得好或不好，为着善的或恶的或者居于两者之间的目的。但是我们通常不会停下来问一问，是否一个给定的装置可能被以这样一种方式所设计和建造出来，以至于产生了一

---

① 安德鲁·芬伯格.技术批判理论[M].韩连庆，曹观法，译.北京：北京大学出版社，2005.

系列逻辑上和时间上都要优先于任何它所声称的应用的后果。"①

关于人造物的政治偏向,温纳提出了强弱两种命题。

① 弱命题:有些人造物承载着特定政治意图;

② 强命题:有些人造物内在地具有政治倾向。

支持弱命题的案例有很多。例如,温纳提到过,著名建筑家罗伯特·摩西为美国长岛地区设计的天桥就隐含了他个人的政治意图。摩西本人歧视"黑人"和穷人(一般来说,当时的"黑人"也是穷人),而长岛地区是富人区,摩西不希望太多穷人进入这片区域,就把跨越道口的天桥设计得非常低矮,以至于只能通过小型的私家车,而无法通过较高的公交车,这就把大部分穷人阻拦在长岛地区门外了。

借助一系列例子,温纳试图论证一个基本的观点,那就是:我们不要只盯着技术人造物在表面上呈现出的功能,还需要注意其附带的、隐含的、在实际上确实会发挥出来的政治功能。

温纳的论文引发了许多批评,其中一种批评指出,温纳对摩西的相关史料掌握失实。实质上,长岛天桥的建立并不是摩西种族歧视的有意后果。

但是,这并没有推翻温纳的结论,反而揭示出温纳的进一步的论证思路,那就是说,一旦你承认了弱命题成立的可能性,那么也将被迫承认强命题。

就长岛天桥而言,就其实际效果来说,确实是有利于富人而不利于穷人的。那么,这种实际的政治偏向,究竟是来自摩西的有意阴谋,还是无意的偶然结果?这并不重要。如果我们承认了技术制品确实有可能被灌注某种政治倾向,那么这种倾向也就完全有可能在没有任何"始作俑者"的情况下,存在于技术制品的内在形式之中。

无论创造者有意还是无意注入了价值倾向,推广技术的同时都会推广其价值倾向,而且这种价值倾向很快就会脱离创造者的控制。

温纳又举出了许多案例,揭示出许多技术制品在流行之后,会造成发明者或推广者预期之外的效果。但非预期的效果也同样是效果,与其说把某种技术最终形成的倾向性归结于其发明者或推广者,不如说这种倾向性就内含于技术制品。

实际上,技术不仅能作为人的工具发挥作用,更是蕴含了对世界的理解和对

① 吴国盛.技术哲学经典读本[M].上海:上海交通大学出版社,2008.

人的规定性,这意味着技术是作为人的存在方式而存在的。技术承载着价值,并指向其背后的技术系统。技术是社会中的技术,是蕴含人的思想的技术。技术的设计以及应用内含社会价值,并且在社会中运行的过程就是塑造社会的过程。因而,技术塑造了我们生活的世界,也塑造人的行为方式。

　　无论来源如何,人造物都会内化和固化某些特定倾向,特别有利于一部分人而损害另一部分人,特别适合于某种制度而抑制另一些制度,特别促进某种思维倾向而削弱另一些观念,等等。无论这些倾向是由特定的人有意设计的,还是意料之外的,这一现实都提醒我们,应当抛弃朴素的技术中立论,必须认真考察技术的倾向。

第三节　科学中立吗？　线性模型及其问题

　　对于"技术负载价值"这一说法,许多人是同意的。但是,他们认为技术不是中立的,科学是中立的。科学不像技术那样具有实用性,而是在不考虑实际情况下对知识的追求,科学家的求知活动是完全自由的,不需要对科学理论的技术应用负责。因而,科学是无国界的、中立的。

　　科学(自然哲学)与技术的对立二分从古希腊就开始了,但随着工业时代的发展,科学与技术日益联合,许多科学家不满于科学与技术的边界日益模糊,因而提出了"纯科学"(pure science)的概念。最早在 1883 年,物理学家罗兰(1848—1901)在美国科学促进会发表了年会演讲,题为"为纯粹科学呼吁"[①]。后来,其文字版本发表在 *Science* 杂志上,被誉为"美国科学的独立宣言"。罗兰强调区分纯粹科学与应用科学,反对把爱迪生的发明之类的应用成就归入物理学。

　　"纯粹科学"这类概念的提出,试图在科学与技术日益交融的情况下,开创出一个独立的领域,并认为这一领域是应用技术的源泉和基础。这一想法在一定范围内是适用的。特别是 19 世纪下半叶到 20 世纪初,以电磁学到核子物理学的发展为代表,理论物理学的发展超前于相关技术的发展,并为相关技术的发展提供背景支持和原动力。但是,我们不能高估这一"基础—应用"线性模型的适用范围,即便在那个时代,这一模型也不是在科学的所有领域都有效,更不用说面对 21 世纪的新情形了。

---

　　① Rowland H A. A plea for pure science[J]. Science，1883，2(29)：242-250.

类似这种"基础研究—技术应用—经济效益"的线性模型,在1945年著名的"布什报告"中得到了最清晰和最有影响力的表达。范内瓦·布什强调,基础科学研究在国家发展中具有关键作用,基础知识是所有实用知识的来源。这一报告后来以"科学:无尽的前沿"为名出版,最初是1945年布什给罗斯福总统的一份报告书,该报告奠定了美国二战后的科技政策基调,有深远的影响。

2021年,中信出版集团出了该书的新版中译本,封面和内容加上了许多赞誉和评论,包括任正非、施一公领衔的20余位国内外企业家和学者联袂推荐。

在网络上推广时,这本书的内容简介说道:当下的中国和当时的美国状况类似。我们的科学虽然发展迅速,但依然严重依赖国外的基础性研究成果,在很多关键领域被核心技术卡住了脖子。[①]

尽管"布什报告"的历史地位较高,但是如果说除了通过它理解历史之外,还能够直接用于指导现实,那么恐怕是有些过高抬举了。当下中国所面临的"卡脖子"等现状,固然和当时的美国有类似之处,但是差异之处更不能忽视。而差异不只体现在中美之间的国情和文化,还体现于科学、技术与社会的关系的变化。

中译本开篇收录了22位"大咖"的"赞誉",其中14位中国人,8位外国人。这8位外国人无一例外,每一位都提及了撰写新版导读的拉什·霍尔特(美国科学促进会前首席执行官)。例如安吉拉·克雷格提出,拉什·霍尔特对布什的盲点和大胆计划提出了尖锐的反思,这也使再版的该书更加契合我们的这个时代。[②]

可见,霍尔特的导读并不是单纯礼赞性的,而是提出了"尖锐的反思"。而所有国外赞誉者的态度几乎一致,他们肯定"布什报告"的历史意义和霍尔特导读的现实意义,而并不认为"布什报告"可以未经批判性反思就具有现实意义。

另外,14位中国赞誉者中,几乎没有一位提到霍尔特,只有阿里巴巴的华先胜强调了导读的重要性。在中译本第三部分附加的10篇"扩展评论"中,也只有华先胜和樊春良(中国科学院大学教授,他并没有在开篇部分发表赞誉)两人认真讨论了对"布什报告"的批评和反思。

---

① 范内瓦·布什,拉什·D.霍尔特.科学:无尽的前沿[M].崔传刚,译.北京:中信出版集团,2021.

② 范内瓦·布什,拉什·D.霍尔特.科学:无尽的前沿[M].崔传刚,译.北京:中信出版集团,2021.

对"布什报告"的批评显然并不始于霍尔特,而是从其发表之初就开始了,布什的理想虽然影响深远,但从未被美国人全盘接受,甚至可以说是被"阳奉阴违"的。布什为科学家实际争取到的经费并不多,相比于其他发达国家,美国的科技政策自始至终都是更加注重应用和实利的。布什的功劳或许只是在原本基础科学几乎没有政府支持的美国实用主义环境下,为科学家争取到了些许支持,但并没有让美国脱离实用主义的底色。

在"布什报告"提出之时,美国国会就存在另一派观点,例如,基尔戈尔的提案呼吁建立"一套面对整个社会且担负更大责任的体系。由普通公民、劳工领袖、教育家和科学家组成的委员会负责管理,而该机构的负责人则交由总统任命,且无须是一名科学家"。虽然在当时布什的提案略占上风,但基尔戈尔的路线并未彻底失败,或者说这一路线只是太超前了。

特别是到了20世纪80年代之后,随着科学史和技术史学科的发展,以及"科学、技术与社会"(STS)这一研究领域的兴起,学界对"布什报告"的局限性有了更多共识。至此,"布什报告"无论是在实践上还是理论上,都已经千疮百孔。

樊春良教授的长篇评论已经详细解读了"布什报告"的历史背景和相关争议。他提到争议主要集中在两个方面,一是对"布什报告"所隐含的线性模型的批评,二是与社会契约相关的问题。下面进一步分析这两者:第一种批评主要源自"科学技术史"学科的发展,第二种批评主要基于"科学、技术与社会"(STS)学科的发展。

所谓线性模型,是一种常用的科学和统计方法,用来描述变量之间的线性关系。而布什的构想蕴含着如"基础研究—应用研究—技术开发—市场效益"的线性模型。科学与技术泾渭二分,基础研究位于科学的源头,而市场效益位于技术的终端。在这条单向的河流中,促进源头就最终能够促进最终的收益。但这种模型早已被证明是过分简单化的。20世纪60年代,美国的技术史学科开始独立发展(在欧陆,技术史发展得更早),技术史家和科学史家一道,打破了传统上认为"技术作为科学的应用"这种简单化的理解,而是发现技术的发展往往有独立的线索和动力。当然,科学与技术经常互相联动,但与其说是由基础科学单向地激发技术,不如说影响总是相互的,技术发展对理论科学的支持和激发同样显著。例如,瓦特的蒸汽机并没有受到热力学的启发,反而热力学这一学科的建立受到了蒸汽机的启发。

哈佛大学教授文卡特希·那拉亚那穆提等在《发明与发现:反思无止境的前沿》一书中指出,非但线性单向的模型是错误的,而且"基础—应用"的二分本身就是误导性的。他提议用"发明—发现"的循环模型取代旧的观点。而且发明与发现的界限并非位于两种定位不同的学科群之间，而是说在每一学科或每一研发领域中都存在发明与发现的循环激励。①

所谓"社会契约"，指的是科学家"特权"的合法性问题。布什一方面强调基础研究最终会给全社会带来长远的效益，但另一方面又强调基础研究应该由自由的好奇心驱动，因而应抵制官员和公众对科研活动的内容和方向指手画脚，主张对基础研究的资助必须由科学家自己控制。布什鼓吹的科研自由，指的是由政府向科学家们大量拨款，但又毫不干涉款项用途，由科学家内部组织，自我管理。

但是，这种科学家享受特权的观念首先是过于精英主义的，布什似乎相信科学家不只在专业知识方面远超公众，而且对其他专业领域也能有更好的把握，在道德伦理和运筹管理等方面也比一般人明智，因此科学家一定也能胜任政策制定者和资金统筹者的职责。但事实上，现代科学家大多都是各自领域的专家，一旦超出狭窄的专业领域，科学家的表现就和一般人没有太大差别。科学家并不会在道德操守方面天然地占据优势地位，更不一定懂得运筹大笔资金在无数资助方向之间妥善调控。总之，布什拒绝非科学家参与科技政策的态度，是一厢情愿的。

20 世纪下半叶，从 DDT 到疯牛病，在无数次公共危机中，科学家们并没有体现出崇高的道德立场，相反，许多时候科学家群体为了维护自己的权威和利益，有意对公众进行欺骗和隐瞒。另外，20 世纪 80 年代兴起的 STS 研究把科学家放到实际的社会境遇之中，发现科学活动并不是一种超然于社会之外的纯粹活动，科学家和企业家、政治家或任何普通人一样，都受到社会环境的影响和权力关系的制约。"人类世"的到来提示我们，技术发展不可能孤立存在，必然要在社会关系中发挥作用。科学研究也并非如布什设想的那样，是一个中立性的研究领域。科学研究的方向和知识生产的方式都受到特定社会文化环境的影响，进行科学研究的科学家也是受到特定文化价值的熏陶而成长的，在科学研究的过程中会有所体现。

总之，人们不再认为科学家拥有超然的社会地位，可以免于社会的约束或免于承担社会责任。甚至，科学研究的过程都不是超然社会之外的，而是在与社会

① 文卡特希·那拉亚那穆提，图鲁瓦洛戈·欧度茂苏. 发明与发现：反思无止境的前沿 [M]. 黄萃，苏竣，译. 北京：清华大学出版社，2018.

紧密互动中产生的。关于科学知识的生产过程、科学与社会的关系等,拉图尔在《实验室生活:科学事实的建构过程》[1]中进行了别具一格的讨论。在 20 世纪末,各发达国家一般都会引入某种委员会来制定一定的科技政策和科技伦理规则。一般来说,一个健全的委员会除了有科学家之外,还需要法律专家、伦理学家、民众代表等多元身份的参与者。

被众多国外赞誉者推荐的霍尔特的新导言,写于新冠疫情暴发之后。霍尔特以新冠疫情为例,强调科学家不能躲在象牙塔内独善其身,而应该承担社会使命,并承担更多与公众沟通的责任。他认为,科学的进步并没有在美国抵御新冠疫情方面提供足够的力量,"这是科学与公众关系上的失败,而这也正是被布什报告以及随后的辩论所严重忽略的事项。从现代的角度来看,在这方面,布什似乎有些目光短浅……他所提倡的科研体系在促进研究繁荣的同时,也促成了科学与公众的隔绝"[2]。当前,气候危机迫在眉睫,气候变化证明了现代科技的发展能够带来深远的社会影响,但这种影响未必总是积极的。布什津津乐道于科技对社会带来的积极影响,因而鼓吹加大对科学家的资助,但是当负面影响增加时,科学家需要为之负责吗? 难道科学家有权把好的影响归功于自己,面对坏的影响时就漠不关心了吗?

通过以上分析能够看出,"基础研究—技术应用—经济效益"的线性模型不仅割裂了基础研究与技术应用之间的关系,还蕴含着基础研究的独立性和无价值负载性。似乎科学家进行的研究必然是不受外界干扰、没有任何价值倾向地对客观知识追求的过程。实际上,基础科学研究与技术应用是紧密互动、相互影响的;科学家、科学研究过程、科学知识的生产过程都是与社会紧密相关的,正是在与社会互动中得以发展。科学家的社会地位被打回原形,从超然世外回归于道德主体,科学家并不在道德上高人一等,"科技创新"也不能被无条件地认为是善事或中立的事情。"负责任创新"的理念也成为欧美学界的共识。

① 布鲁诺·拉图尔,史蒂夫·伍尔加.实验室生活:科学事实的建构过程[M].张柏霖,刁小英,译.北京:东方出版社,2004.
② 范内瓦·布什,拉什·D.霍尔特.科学:无尽的前沿[M].崔传刚,译.北京:中信出版集团,2021.

第四节　从"基础—应用"到"长期—短期"

当然,批评不代表贬斥。如何理解"布什报告",并不是一个全盘接受或全盘否定的抉择。我们需要指明"布什报告"的局限性,但并不是说它没有值得学习的意义。

"布什报告"的现实意义仍未过时。就美国而言,对于自由科学的理解,似乎经历了一个"看山是山",到"看山不是山",最后又回到"看山是山"的曲折过程。最初美国文化是完全受实用主义主导的,完全不重视不能直接看到效益的自由研究。而在二战后,一方面是由于"布什报告"的激励,另一方面可能更重要的是因为美国从欧洲(特别是德国)吸收了大量的科学家移民,改变了美国科学界的风气,"自由的科学"得到了大力的提倡。到了 20 世纪末,纯粹科学被打落神坛,人们又把视线转回科学的社会背景和社会影响上面。

但这种"回归"其实是一种升华而非倒退,中间的环节并不是被单纯地放弃了,而是被有所吸收地"扬弃"了。

对于中国来说,自洋务运动以来,主流的科技政策或科学文化都是以实用为导向的,"自由的科学"即便仅从名义上讲也远未深入人心。在这种情况下,"布什报告"所弘扬的科学精神的"自由"维度,对于中国科学文化的丰满是必要的补充。即便我们没有必要全面采纳布什的建议(即使美国也没有全面采纳过),至少我们值得经历这一段关于"科研自由"的争议和讨论过程。

上一节提到,"布什报告"的缺陷主要在于,一方面对基础与应用、科学与技术的划分过于简单化,另一方面有意无意地让科学与公众相隔绝。实际上,在"人类世"中,科学与技术的关系日益紧密纠缠、相互影响,被称为"技科学"(technoscience)的时代。同样,随着合成生物学等技术的发展,科学技术的发展需要公众在最大限度上参与。但是,"布什报告"蕴含的一些洞见并不完全依赖于上述观点。

实际上,"布什报告"的一个关键洞见在于,其提示人们注意分辨科技研发中"短期目标"和"长远影响"的差异,并提倡人们更加关注研究的长远影响。

布什关于"基础—应用"的二分或许是过于简单化的,但这一区分的实质可以理解为研究与现实效益的接近程度。所谓的"基础",指的是从短期上看并不直接产生社会效益的研究;而所谓"应用",是在短期内就看得到实际效益的研究。

　　不妨把"基础—应用"的二分替换为"长期—短期"的尺度，后者并不是非此即彼的二元分割，而是一个连续谱。后者也不能简单对应于"科学—技术"的二分，在任何一门具体技术领域的研究方面，我们也可以区分出"长期—短期"的不同取向。例如，同样是研究"人工智能"，诸如神经生物学机制的研究、对计算机算法语言的底层开发等，其目的显然是相对长远的；而为购物平台开发一个智能客服，为餐馆开发一台智能炒菜机，这也都算研究人工智能，但成果和效益是眼前可见的。

　　布什发现，前一类研究（"基础"）从长远上看能够促进后一类研究（"应用"），但它的影响很难预先规划。许多长远看来意义重大的研究，在最初可能完全看不到实用的前景，或者在预期的前景之外打开出乎意料的应用空间。布什说道："许多最重要的发现都是出自截然不同的实验本意……任何一项特定研究的结果都无法被准确预测。"①

　　当然，"无法预测的长期影响"并不一定如布什所想的总是积极的，有些研究从短期上看影响积极，而长期的影响却是破坏性的。DDT 就是一个例子。这种化工产物早在 1874 年就被化学家合成了，但最初看不到明显的用处，直到 1939 年科学家发现了它的杀虫作用，才展现出积极的社会效益。在广泛应用之后，其消极影响又逐渐暴露出来，在 1962 年出版的《寂静的春天》②中被全面揭示，最终被禁止使用。在 DDT 的例子中，从 1874 年到 1939 年再到 1962 年，不同的时间尺度呈现出不同的社会效益，从无用到有益到有害。

　　基因编辑技术也是一例，它起源于关于细菌免疫机制的研究。这一研究并没有很明显的实用效益，但科学家最终从细菌的免疫机制中掌握了能够精确编辑基因片段的基因剪刀技术。这一技术有着广泛的实用性，在医学、农业、工业等许多领域都影响深远。不过，这一技术也带来了生物恐怖主义的风险，以及造成了一些僭越伦理的行为，这些可能存在的风险和危害也不容忽视。

　　所谓"长期—短期"的尺度，也可以对应于"不确定—确定"的尺度。一般来讲，短期效益更具确定性，更容易评估，而长期的影响更难以预料，却更加重要。

　　这种对长期效益的关注——无论是有益的一面还是有害的一面——都是值

　　① 范内瓦·布什，拉什·D.霍尔特.科学:无尽的前沿[M].崔传刚,译.北京:中信出版集团,2021.

　　② Rachel C. Silent Spring[M]. London：Penguin Books，1962.

得我们借鉴的。尤其是我们生活在"人类世",必须将"长期—短期"效益结合起来看待,既要关注当下的短期效益,获得一定的确定性,从而找到行动的方向。同时,也要从全球视角下对长期利益进行关注。比如合成生物学的发展,就需要平衡"长期—短期"的利益,关注二者的状态,将二者有机结合起来。

第五节　自由的多重维度

既然我们跳出了"科学与技术"的简单二分,注意到在所谓"技术"的领域也同样有"长期—短期"的不同导向,那么我们也可以扩展布什对"自由"的提倡。布什认为:"广泛的科学进步源于学者的思想自由及研究自由,他们理应在好奇心的驱使下探索未知,自主选择研究的方向。"[①]

布什所谓的自由,指的是研究的驱动力应当以学者内在的"好奇心"为主导,而不是以外在的效益指标为主导。之所以如此,也是因为"长期—短期"导向的差异,只有以短期效益为导向的研究,才容易用一些外在的标尺去衡量成效,而那些在短期看不到明显效益的研究,很难找到精确地评估其研究进展的外在尺度。

研究终究不能任意而为,总归需要一定的评估尺度,这种尺度既然无法由外在的功效来衡量,那就只能用内在的尺度来衡量了。这种内在的尺度取决于不同学科的研究范式,很难一概而论,非要概而言之,那就是"好奇心"了。换句话说,无非就是"有趣"。托马斯·库恩等把科学研究的常规活动称作"解谜题"[②]。科学家就像玩拼图游戏那样,需要遵循一定的规则,但不需要诉诸外在的目的。解开谜题,拼成更完整的图景,这本身就是有意义的。

布什进一步指出,这种自由的研究必须由政府而非企业来主导资助,因为企业或资本总是倾向于短期利益,即便是投资领域所讨论的"长线投资",就自由研究的潜在效益而言也是过于短暂了。所以,不能依赖逐利的投资者来赞助科研,那就只能由着眼于长远的政府或公益机构来赞助。

---

① 范内瓦·布什,拉什·D.霍尔特.科学:无尽的前沿[M].崔传刚,译.北京:中信出版集团,2021.

② 托马斯·库恩,伊安·哈金.科学革命的结构(第四版)[M].金吾伦,胡新和,译.北京:北京大学出版社,2012.

在这里，布什的局限性表现在两个方面。首先，他把自由的研究局限于基础科学，而忽略了在各门应用科学和技术领域也存在超脱于短期利益的研究活动；其次，他忽略了同样是着眼于"实际效益"，投资者的逐利和一般公民的公益关切并不能混为一谈。

布什警示人们，不能只以急功近利的眼光来促进研究，这一点毫无疑问是正确的。但与急功近利的研究相对立的，并不仅是"自由求知的纯粹科学"，还存在"好奇心驱动的应用研究""追求公益的理论研究""自由创造的技术研发"等复杂维度。

美国学者司托克斯在 1997 年出版的《基础科学与技术创新：巴斯德象限》（科学出版社 1999 年出版了中译本）①中就指出了布什的盲点。其指出，求知取向与应用取向并不是互斥的，巴斯德的工作就是同时兼具求知驱动和应用意义的研究。

2021 年诺贝尔物理学奖奖励的大气物理学研究也是一例，这一研究领域始终是基础理论性的，但正在日益受到有关气候危机公共关切的驱动。

科学家不应被投资者牵着鼻子走，但也不能放弃公益心。1931 年，爱因斯坦在美国加利福尼亚理工学院的讲话中说道："如果你们想使你们一生的工作有益于人类，那么，你们只懂得应用科学本身是不够的。关心人的本身，应当始终成为一切技术上奋斗的主要目标，关心怎样组织人的劳动和产品分配这样一些尚未解决的重大问题，用以保证我们科学思想的成果会造福于人类，而不致成为祸害。在你们埋头于图表和方程时，千万不要忘记这一点！"②

另外，在技术发展的领域，发明创造的驱动力也并不总是实际应用。技术史研究发现，许多新兴技术在发明之初往往并不显示出明显的用处，经常是满足游戏或审美的取向。例如有学者认为，农业的发端不是为了解决食物短缺之类的问题，而是起源于园艺和祭祀活动；轮子最初可能是作为玩具被制作的；摄影机、留声机等最初也更像玩具，自行车最初主要被贵族用来攀比和竞速……

总之，布什倡导的"自由"是可贵的，但我们应当进一步拓展"自由"的含义。所谓自由，应当是允许研究者在各个研究领域中受各种研究动机的驱动，可以是

---

① D.E.司托克斯.基础科学与技术创新：巴斯德象限[M].周春彦，谷春立，译.北京：科学出版社，1999.

② 参见 https://www.nytimes.com/1931/02/17/archives/einstein-sees-lack-in-applying-science-man-has-not-yet-learned-to.html。

为了追求真理、追求审美、追求实际应用、追求公益等,而不是只限于纯理论科学这一个领域并且只受到好奇心这一种驱动力的激励。

第六节　合成生物学的"负责任创新"

合成生物学是最能体现科学、技术与社会复杂关系的新学科。合成生物学既非基础研究,也非应用研究,也不是基础与应用的线性结合,而是互相嵌套,在应用研究中回应基础问题。甚至,合成生物学的发展从一开始就不是先技术再科学的,而是技术、科学与社会互相影响、共同作用的结果。

在合成生物学中,求知驱动和利益驱动并存,难以分割清楚。政府、公众、投资者、科学家、工程师、人文学者等多个社会角色卷入其中,在研究的每一个环节都同时有各个角色的参与。

因此,合成生物学既不适合于由科学家自主管理的纯粹科学模式,也不适合于由投资者为主导的市场经济模式,而是呼唤一种多方协商的民主治理模式。这意味着,政府、科学家、公众和人文学者都参与到合成生物学技术发展过程中来,各自发挥不同作用和职责,共同推动合成生物学发展。

德国学者 2003 年提出"负责任创新"(responsible innovation,RI)的概念,这一概念在 2010 年后流行,被"欧盟框架计划"提倡。"负责任创新"是一种创新理念,强调关注技术创新的伦理、环境和社会后果,尽可能确保技术最大限度地发挥积极作用,减小潜在的负面影响。换言之,"负责任创新"主张公众应在创新早期阶段介入,共同监督技术的发展,在技术的每一个发展阶段都负责任地进行决策。

当然,"负责任创新"更像口号而缺乏实质约束,而且有概念模糊和观念陈旧等问题。但从积极的角度看,"负责任创新"类似于"可持续发展",后者打破了唯发展论,而前者打破了唯创新论,提出创新未必一定是好事,应该把创新活动和其他社会活动一样,纳入民主协商的治理框架下。

对于能够对社会和环境造成较大影响的高科技领域,"负责任创新"的呼吁更有意义。如应用于合成生物学,负责任创新的原则包括[①]:

(1) 预测(anticipation)。积极寻求与合成生物学科学家、监管机构、公众和

---

① 马诗雯,王国豫.合成生物学的"负责任创新"[J].中国科学院院刊,2020(6):751-762.

其他利益相关者的合作，预测当前合成生物学研究项目的经济、环境和社会影响，审慎评估其可能存在的风险和影响，从而能够更好地了解早期用户的需求和关注点，更早地发现问题、控制风险、进行管理。

（2）反思（reflection）。要求合作伙伴反思其工作目的和动机，并分析他们的工作可能对社会产生的影响。同时要保持开放的心态，了解不确定性、未知领域以及假设和创新过程中所存在的问题。特别强调将"负责任研究与创新"纳入前期相关研究人员的培训以及定期的技能培训中。

（3）参与（engagement）。鼓励合作伙伴参与公众对话，积极向公众宣传合成生物学应用的益处和潜力。支持、组织并参与一系列面向公众的活动，以解决公众可接受性等关键问题。

（4）行动（action）。及时向合作伙伴反馈以上活动的成果，在公众意见以及政策出现变化时，能够根据要求调整技术开发和应用模式，以便他们能够将创新更好地应用于公共福利，共同应对关键的社会挑战。

对于合成生物学而言，"负责任创新"需要更多的人参与到这一新兴技术的发展过程中，协商讨论，在发展中建立伦理规范。科技的高速发展，使得我们传统的伦理和哲学反思成为不可能，我们必然要面向当下和未来，保持前瞻性思考，随着科技的发展状态不断进行反思，力图更好地促进技术的发展。同时，面对新技术的出现，我们要激发个体的反思能力和参与度，时刻关注行为所产生的后果，保持全面谨慎的发展态度。"人类应该始终坚持把尊重生命、敬畏自然作为基本的伦理原则。在这一前提下，谨慎地开展合成生物学的研究，加强对合成生物学发展中的目的、手段和过程以及后果的全程监管，尤其是加强对合成生物学实验室的生物安全管理，做好充分、有效的安全防范措施，以防任何形式的合成生命被滥用。这不仅是科学家也是全社会的责任。"①

面对高速发展而又复杂难料的合成生物学，我们不可能直接使用之前的伦理框架，也不可能一劳永逸地建立完美的伦理规范，但也不能把伦理约束抛之脑后。我们需要以更积极和动态的方式去开启科学、技术与社会、伦理的持续对话，搭建"科学家—政府—企业—公众"一体化的交流对话模式，在协商中拓展和构建适用于新技术的伦理规范和法律法规。在这一过程中，不仅要尽可能保障科研自由，而且要尊重和发扬一般人的自由。

---

① 王国豫，马诗雯，杨君.生命的设计与构建——合成生物学的哲学挑战[J].社会科学战线，2015（2）：17-23.

参考文献

[1] Arènes A, Latour B, Gaillardet J. Giving Depth to the Surface: An Exercise in the Gaia-graphy of Critical Zones[J]. The Anthropocene Review, 2018, 5(2): 120-135.

[2] Bourget D, Chalmers D J. What Do Philosophers Believe? [J]. Philosophical Studies, 2014(170): 465-500.

[3] Cobb R E, Sun N, Zhao H. Directed Evolution As a Powerful Synthetic Biology Tool[J]. Methods, 2013, 60(1): 81-90.

[4] Elowitz M, Lim W A. Build Life to Understand It[J]. Nature, 2010, 468 (7326): 889-890.

[5] Foot P. The Problem of Abortion and the Doctrine of the Double Effect[J]. Oxford Review, 1967, 11(5): 5-15.

[6] Gibson D G, Glass J I, Lartigue C, et al. Creation of a Bacterial Cell Controlled By a Chemically Synthesized Genome[J]. Science, 2010, 329 (5987): 52-56.

[7] Kearns C E, Dorie A, Glantz S A. Sugar Industry Sponsorship of Germ-free Rodent Studies Linking Sucrose to Hyperlipidemia and Cancer: An Historical Analysis of Internal Documents[J]. PLoS Biology, 2017, 15 (11): e2003460.

[8] Lanphier E, Urnov F, Haecker S E, et al. Don't Edit the Human Germ Line[J]. Nature, 2015, 519(7544): 410-411.

[9] Latour B. Facing Gaia: Eight Lectures on the New Climatic Regime[M]. Cambridge: Polity Press, 2017.

[10] Latour B. Drawing Things Together[C]// Dodge M, Kitchin R, Perkins C. The Map Reader: Theories of Mapping Practice and Cartographic

Representation. New Jersey：John Wiley & Sons, Ltd. , 2011.

[11] Latour B. How to Make Sure Gaia is not a God of Totality? With Special Attention to Toby Tyrrell's Book On Gaia［J］. Theory, Culture and Society, 2017, 34(2-3)：61-82.

[12] Latour B. On a Possible Triangulation of Some Present Political Positions ［J］. Critical Inquiry, 2018, 45(3)：213-226.

[13] Latour B, Lenton T M. Extending the Domain of Freedom, or Why Gaia is So Hard to Understand［J］. Critical Inquiry, 2019, 45(3)：659-680.

[14] Marcuse H, Kellner D. The individual in the great society［M］//Towards a Critical Theory of Society. London：Routledge, 2013：61-80.

[15] Martin V J, Pitera D J, Withers S T, et al. Engineering a Mevalonate Pathway in Escherichia Coli for Production of Terpenoids［J］. Nature Biotechnology, 2003, 21(7)：796-802.

[16] Nanda S, Golemi-Kotra D, McDermott J C, et al. Fermentative Production of Butanol：Perspectives on Synthetic Biology ［J］. New Biotechnology, 2017, 37(Pt B)：210-221.

[17] Narayanamurti V, Odumosu T. Cycles of Invention and Discovery：Rethinking the Endless Frontier［M］. Harvard：Harvard University Press, 2016.

[18] Odongo J, Elizabeth C, Francis O, et al. Synthetic Biology Industrial Revolution, Social and Ethical Concerns［J］. International Journal of Research and Innovation in Applied Science, 2019(8)：47.

[19] Rachel C. Silent Spring［M］. London：Penguin Books, 1962.

[20] Rowland H A. A Plea for Pure Science［J］. Science, 1883, 2(29)：242-250.

[21] Szybalski W, Skalka A. Nobel Prizes and Restriction Enzymes［J］. Gene, 1978, 4(3)：181-182.

[22] Zhang Y P, Evans B R, Mielenz J R, et al. High-yield Hydrogen Production from Starch and Water By a Synthetic Enzymatic Pathway［J］. PloS One, 2007, 2(5)：456.

[23] 文卡特希·那拉亚那穆提, 图鲁瓦洛戈·欧度茂苏. 发明与发现：反思无止境的前沿［M］. 黄萃, 苏竣, 译. 北京：清华大学出版社, 2018.

[24] 阿马蒂亚·森. 贫困与饥荒：论权利与剥夺［M］. 王宇, 王文玉, 译. 北京：

商务印书馆，2024.

[25] 布鲁诺・拉图尔，史蒂夫・伍尔加. 实验室生活：科学事实的建构过程[M]. 张伯霖，刁小英，译. 北京：东方出版社，2004.

[26] 布鲁诺・拉图尔. 科学在行动：怎样在社会中跟随科学家和工程师[M]. 刘文旋，郑开，译. 北京：东方出版社，2005.

[27] 陈明宽. 技术替补与广义器官[M]. 北京：商务印书馆，2021.

[28] D. E. 司托克斯. 基础科学与技术创新：巴斯德象限[M]. 周春彦，谷春立，译. 北京：科学出版社，1999.

[29] 范内瓦・布什，拉什・D. 霍尔特. 科学：无尽的前沿[M]. 崔传刚，译. 北京：中信出版集团，2021.

[30] 芬伯格. 技术批判理论[M]. 韩连庆，曹观法，译. 北京：北京大学出版社，2005.

[31] 海德格尔. 演讲与论文集（修订译本）[M]. 孙周兴，译. 北京：商务印书馆. 2018.

[32] 汉娜・阿伦特. 人的境况[M]. 2 版. 王寅丽，译. 上海：上海人民出版社，2021.

[33] 霍尔姆斯・罗尔斯顿. 环境伦理学：大自然的价值以及人对大自然的义务[M]. 杨通进，译. 北京：中国社会科学出版社，2000.

[34] 柯林武德. 自然的观念[M]. 吴国盛，译. 北京：商务印书馆，2018.

[35] 吴国盛. 技术哲学经典读本[M]. 上海：上海交通大学出版社，2008.

[36] 约翰・R. 麦克尼尔，彼得・恩格尔克. 大加速：1945 年以来人类世的环境史[M]. 施雱，译. 北京：中信出版集团，2021.

[37] 悉达多・穆克吉. 基因传：众生之源[M]. 马向涛，译. 北京：中信出版社，2018.

[38] 亚里士多德. 物理学[M]. 张竹明，译. 北京：商务印书馆，1982.

[39] 约翰・帕林顿. 重新设计生命：基因组编辑技术如何改变世界[M]. 李雪莹，译. 北京：中信出版社，2018.

[40] 珍妮佛・杜德娜，塞缪尔・斯滕伯格. 破天机：基因编辑的惊人力量[M]. 傅贺，译. 长沙：湖南科学技术出版社，2020.

[41] 迈克尔・桑德尔. 反对完美：科技与人性的正义之战[M]. 黄慧慧，译. 北京：中信出版社，2013.

[42] 玛丽-莫尼克・罗宾. 孟山都眼中的世界：转基因神话及其破产[M]. 吴燕，译. 上海：上海交通大学出版社，2013.

[43] 冀朋. 合成生物学的哲学基础问题研究[D]. 武汉：华中科技大学，2021.

[44] 齐格蒙特·鲍曼. 现代性与大屠杀[M]. 杨渝东，史建华，译. 南京：译林出版社，2011.

[45] 乔治·丘奇，艾德·里吉西. 再创世纪——合成生物学将如何重新创造自然和我们人类[M]. 周东，译. 北京：电子工业出版社，2017.

[46] 斯蒂格勒. 人类纪里的艺术：斯蒂格勒中国美院讲座 [M]. 陆兴华，许煜，译. 重庆：重庆大学出版社，2016.

[47] 托马斯·库恩. 科学革命的结构（第四版）[M]. 金吾伦，胡新和，译. 北京：北京大学出版社，2012.

[48] 胡翌霖. 人的延伸——技术通史[M]. 上海：上海教育出版社，2020.

[49] 胡翌霖，唐兴华. 取代上帝视角——环境伦理视域下的拉图尔盖亚观[J]. 自然辩证法通讯，2021(7)：43-49.

[50] 雷瑞鹏，冀朋. 合成生物学的知识伦理问题初探[J]. 自然辩证法通讯，2019(2)：101-107.

[51] 雷瑞鹏，邱仁宗. 合成生物学的伦理和治理问题[J]. 医学与哲学，2019(19)：38-43.

[52] 刘华杰. 科学传播的三种模型与三个阶段[J]. 科普研究，2009(2)：10-18.

[53] 刘海龙. 合成生物究竟是人工物还是自然物——从其概念的内在矛盾谈起[J]. 自然辩证法研究，2022(10)：50-55.

[54] 杜立，王萌. 合成生物学技术制造食品的商业化法律规范[J]. 合成生物学，2020(5)：593-608.

[55] 马诗雯，王国豫. 合成生物学的"负责任创新"[J]. 中国科学院院刊，2020(6)：751-762.

[56] 欧亚昆. 合成生物学的伦理问题及政策研究[M]. 武汉：华中科技大学出版社，2022.

[57] 邱仁宗，翟晓梅. 有关机构伦理审查委员会的若干伦理和管理问题[J]. 中国医学伦理学，2013(5)：545-550.

[58] 王国豫，马诗雯，杨君. 生命的设计与构建——合成生物学的哲学挑战[J]. 社会科学战线，2015(2)：17-23.

[59] 王立铭. 上帝的手术刀——基因编辑简史[M]. 杭州：浙江人民出版社，2017.

[60] [英]上议院科学技术特别委员会. 科学与社会——英国上议院科学技术特别委员会 1999—2000 年度第三报告[M]. 张卜天，张东林，译. 北京：北京

理工大学出版社，2004.

[61] 张炳照，赖旺生，刘陈立. 合成生物学与科学方法论和自然哲学[J]. 中国科学(生命科学)，2015(10)：909-914.

[62] 中国科协学会学术部. 合成生物学的伦理问题与生物安全[M]. 北京：中国科学技术出版社，2011.

[63] 翟晓梅，邱仁宗. 合成生物学：伦理和管治问题[J]. 科学与社会，2014(4)：43-52.

[64] 农业部农业转基因生物安全管理办公室，中国农业科学院生物技术研究所，中国农业生物技术学会. 转基因 30 年实践[M]. 北京：中国农业科学技术出版社，2012.

后记

近些年来,合成生物学得到快速发展。合成生物学被称作工程生物学,与工程学紧密相关,是对生物学进行工程化理解,将工程学原理和生命科学融为一体的学科。合成生物学将工程学严谨的、标准化的思想引入生物学中,试图用工程学的方式理解并创造生命体。随着工程技术、生物技术以及信息化的发展,合成生物学在生命科学领域引起反响,释放极大潜力,成为当下能够改变时代的技术之一。

合成生物学的快速发展,也给我们带来了无法回避的挑战和伦理问题。这些问题不仅与合成生物学的发展相关,更是与我们每个人的生存和生活密切相关。对其所带来的挑战和伦理进行讨论,并不会拖慢合成生物学发展的脚步,只有对这些可能产生的问题进行充分且合理的思考论证,我们才能准备充分地面对变化和挑战,实现更好的发展。

鉴于此,本书直面当下与合成生物学相关的伦理问题,对其进行深入探讨,力图在对合成生物学阐述的过程中追溯优生学、转基因和基因编辑的发展,从科技史的视角对合成生物学进行讨论,从历史研究中探寻共同的问题及解决方式。其中,伴随着合成生物学为代表的生命科学前沿发展,应当如何看待科学与伦理的关系,"敬畏自然"还是"扮演上帝",自然和生命的概念以及自然与人工的界限问题,宽容和警惕的边界究竟在哪里,如何在促进科技加速发展的同时守护人类的价值等,都是公众关心和想要理解的重要问题。对这些问题的讨论,有助于我们更深刻地理解合成生物学发展及其面临的挑战,为继续推进其落地提供理论基础。

接近书的尾声,我们想要再次表明本书的立场。本书并没有提供一套简单明确的伦理规范,而是试图提供参与"对话"的准备。本书保持开放性立场,提供的这些背景知识和初步思考并不能一劳永逸地解决伦理争议,而在于启发对此问题感兴趣的读者,希望有助于每个人以各自的立场,更好地加入各种公共议题的良性对话之中。唯有如此,才能共同推进合成生物学等高新技术的继续发展。

　　本书的出版得到了很多的支持和帮助。在此,我们要感谢所有在本书编写过程中给予帮助和支持的同事同行、评审人员和出版社编辑。特别感谢中国科技部的资助和支持,使得本书得以顺利完成。希望本书能够成为读者了解合成生物学的重要参考,激发大家对这一领域的兴趣和思考,共同推动合成生物学的负责任发展。